普通高等教育物联网工程专业系列教材

U0159704

传感器与传感器网络

主　编　马飒飒

副主编　张　磊　牛　刚　毛向东　刘海涛

参　编　高润冬　康　科　谢大兵　王祖文

　　　　方东兴　耿　斌　郭晓冉　韩　宁

西安电子科技大学出版社

内 容 简 介

本书主要介绍了传感器及智能传感器技术的基础知识及发展进程、典型传感器主要类型及应用场景，以及神经传感和信息处理、视觉传感和信息处理、听觉传感和信息处理等的工作原理、关键技术及主要应用；并对无线传感器网络的信息融合模型及体系架构、智能传感器系统的基本组成及智能算法进行详细阐述；最后对无线传感器网络系统在军事领域的典型应用案例进行简要介绍。

本书可作为高等院校物联网工程专业、计算机类专业和电气信息类专业本科生学习传感器及传感器网络技术的基础教材，也可作为高等职业教育及培训机构的电气信息工程专业培训教材。

图书在版编目(CIP)数据

传感器与传感器网络 / 马飒飒主编. —西安：西安电子科技大学出版社，2022.9
ISBN 978 - 7 - 5606 - 6668 - 6

Ⅰ. ①传… Ⅱ. ①马… Ⅲ. ①智能传感器 Ⅳ. ①TP212.6

中国版本图书馆 CIP 数据核字(2022)第 165924 号

策　　划　刘小莉
责任编辑　刘小莉
出版发行　西安电子科技大学出版社(西安市太白南路 2 号)
电　　话　(029)88202421　88201467　　　邮　　编　710071
网　　址　www.xduph.com　　　　　　电子邮箱　xdupfxb001@163.com
经　　销　新华书店
印刷单位　西安日报社印务中心
版　　次　2022 年 9 月第 1 版　2022 年 9 月第 1 次印刷
开　　本　787 毫米×1092 毫米　1/16　印张　11
字　　数　254 千字
印　　数　1～1000 册
定　　价　38.00 元
ISBN 978 - 7 - 5606 - 6668 - 6 / TP
XDUP 6970001 - 1

＊＊＊如有印装问题可调换＊＊＊

前　　言

随着物联网、移动互联网等新兴产业的快速发展，智能传感器、传感器网络以及无线传感器网络被广泛应用于人们的日常生活，如智能手机、智能家居、可穿戴装置等，并在工控设施、智能建筑、医疗设备和器材、物联网、检验检测等工业领域发挥着重大作用，同时在敌情侦察、火力精确打击等军事领域也有着广泛的应用。

传感器是指能感受被测量的信息并将感受到的信息按照一定的规律转换成可用输出信号的器件或装置。智能传感器是集传感单元、通信芯片、微处理器、驱动程序、关键软件算法于一体的系统级产品，具有信息采集、处理、交换和存储功能。传感器网络是指将多种信息传感器系统与互联网结合起来而形成的信息网络，具备数据的采集、处理和传输功能，可实现物品和网络的信息连接。无线传感器网络则通过无线通信技术把数以万计静止或者移动的传感器节点以自组织和多跳的方式组织与结合，进而形成无线网络，以协作感知、采集、处理和传输网络覆盖地理区域内被感知对象的信息。

本书主要分为五大部分，按照层次递进关系，从传感器诞生、发展、原理等内容出发，拓展研究脉络到网络化、智能化应用，由浅入深介绍传感器、智能传感器、传感器网络、无线传感器网络的基本知识、工作原理、关键技术及主要应用。

第一部分(第1章)为概述部分，主要介绍信息与传感、传感与传感器、智能传感技术等基本知识、发展现状及应用领域。

第二部分(第2章)介绍了常用传感器的主要组成、工作原理及应用范围，主要包括温度、压电、光电、红外、气体、速度及数字等典型传感器。

第三部分(第3～5章)介绍了三大主流传感技术及其信息处理技术。其中，第3章主要介绍振动传感器、声呐、超声波传感器的基本组成及工作原理。第4章主要介绍机器视觉和视觉检测技术以及视觉传感器的工作原理及信息处理技术；第5章主要介绍神经信息传递、神经系统及人工神经网络的工作原理及信息处理技术。

第四部分(第6～7章)对传感器网络及智能传感系统进行了详细介绍。其中，第6章主要介绍传感器网络的起源及发展、多传感器信息融合技术及无线传感器网络结构特点及关键技术；第7章主要介绍智能传感器系统、传感器接口技术、计算机控制系统和计算智能以及其在物联网中的应用。

第五部分(第8章)紧贴当前国际局势和热点问题，主要介绍无线传感器网络在军事领域中的典型应用。

本书紧跟传感器与传感器网络技术的最新发展，内容丰富、通俗易懂，可作为高等院校电子信息类专业传感器与传感器网络技术的基本课程教材或教学参考用书。

　　本书由马飒飒、张磊、牛刚、毛向东和刘海涛编著。本书在编写过程中，得到了陆军研究院特种勤务研究所、河北工业大学、石家庄铁道大学等单位的大力支持，高润冬、康科、谢大兵、王祖文、方东兴、耿斌、郭晓冉和韩宁参与了本书的资料整理、案例补充、习题提取和文字校对等工作。在编写过程中，我们参阅了大量国内外无线传感器网络研究方面的文献资料，在此对相关参考文献的作者表示感谢。

　　因编者水平有限，书中难免存在不足之处，敬请读者批评指正。

编　者

2022 年 3 月

目　　录

第 1 章　传感器基础

1.1　信　　息

"信息"的概念出自古代的"消息"一词，是语音、文字、图像系统传输和处理的对象。一般来讲，信息指在人类社会中传输的所有内容。人们通过对存在的不同信息进行划分，将事物区别开来，从而达到了认识世界以及改造世界的目的。信息的表现形式是多种多样的，比如文字、语音、图片、视频等。传统的信息传递方式主要有两种：通信和广播，可以实现点到点、可选择的点到点、一点到多点和点到面等不同范围的传播。

在当今的高度信息化时代，通过计算机和网络技术使各种繁杂的信息简洁化、聚焦化是大势所趋，因此，信息的高效获取、处理和利用成为很多学者研究的重点。

信息主要具有如下几个特征：

（1）依附性。信息的表示、传播以及存储要通过某种载体才能进行，它并不能脱离载体。各种形式的媒介都会承载着一定数量的信息。

（2）感知性。人类可以通过各种感觉器官接收和识别各种载体形式的信息，例如听觉器官接收各类声音信息，视觉器官发现颜色、文字中的隐藏信息，触觉器官感知温度、湿度等信息，嗅觉器官辨别气味等信息。

（3）可传递性。信息需要通过一定的媒介进行传递，才能发挥最大的作用。传递的形式多种多样，例如，人与人之间的面对面交流，电报、电话、书信等点对点传递方式，抑或是通过报纸杂志、广播电视、互联网等大众媒体实现更大范围的信息传递。

（4）可加工性。要想从繁杂零散的信息中获得需要的内容，使原本无效的信息具有一定的条理性和系统性，就必须对其进行程序化的处理。信息的一般处理过程包括：收集、整理、归纳和总结。

（5）可共享性。信息可以被不同地点的个体或群体同时接收或利用，其有效性并不会因为接收者数量的变化或传播次数的增加而发生内容或时效性上的损耗，例如全世界人民可以在不同地方通过不同的平台在同一时间收看 2022 年北京冬奥会的直播。

（6）时效性。信息的有效性会受到客观条件变化的影响。在某些场景下，时间成为衡量信息价值的重要指标，信息采集得越及时，其利用价值就越高，时效性也越强。举一个简单的例子，在股票投资领域，股情瞬息万变，股民必须通过密切关注财经信息及数据变动进行投资调整，以降低投资风险，获取最高利益。

（7）价值相对性。同一条信息对不同的人有不同的使用价值，其价值大小取决于接收者的需求度以及对信息的分析与利用能力。例如，当某处历史遗迹被发现时，现场的人员会根据自身的职业和角色定位挖掘各自需要的有价值的信息。

（8）伪装性。常言道"眼见为实"，但随着计算机视觉技术的不断发展，人们也不得不开始质疑这句话，即"眼见"的信息不一定都是真实的。在盲人摸象的故事中，不同的人对于同一只大象的描述不尽相同，进而造成错误的信息传递，因此对信息真伪的评判需要结合认知、环境、人员、方法等诸多客观条件，不可草率和盲目。

信息技术在商业、科研、工业控制、网络通信、管理、医疗健康、文化娱乐等领域或行业都发挥着巨大的作用。随着 5G 通信技术的普及、互联网平台的不断发展和成熟，大量数据、资源获得了开源和共享，人们可以随时随地获得需要的信息，极大地提高了学习、生活、工作效率。特别是随着近几年各种形式的线上交流和互动日益盛行和丰富，人们更加深切地体会到信息技术对我们的工作、生活乃至世界发展所产生的促进作用。

就像眼睛和耳朵对外部光与声的获取、加工一样，没有信息的获取便无法知晓身处什么样的环境，之后的信息处理、利用和分析更是无从谈起，所以，作为信息传播的首个环节，信息获取非常重要。信息获取指的是使用某些方法对想要的信息目标进行获取的过程。在日常生活中，人们可以根据实际需要，通过探究事物本身、与他人交流、自主检索等多种方式选择适当、高效的方法来获取信息。

1.2　传感技术与传感器

1.2.1　传感技术

传感技术、计算机技术与通信技术并称信息技术的三大支柱，代表着一个国家的信息化程度。伴随着 5G 技术的推广和应用，全世界向着万物互联的时代不断发展，传感技术作为物联网的关键技术之一，始终在互联网行业承担着举足轻重的作用。

传感技术是一种对周围想要获取的信息进行感知的技术（如感知温度、湿度等信息），该技术通过传感器将收集到的物理信号转换成对应的数字信号，再经处理得到针对该物理信号的数字表达结果。传感技术的起步较晚，相比计算机技术，其发展要慢一些，其技术体系仍需完善。

从 20 世纪 80 年代起，传感技术开始受到重视，投资和支持传感技术研究开发的项目和政策逐渐增多，但仍有很多先进的成果停留在实验研究阶段，转化率较低。我国从 20 世纪 60 年代开始了传感技术的研究与开发，经过了"六五"到"九五"的国家攻关阶段，在研究开发、设计、制造、可靠性改进等方面均取得了长足的进步，初步形成了较为完整的研究、开发、生产和应用体系，比如在数控机床攻关阶段取得的一批世界瞩目的产品及知识产权成果。但是，从宏观来看，这一时期的技术进步还不能满足我国经济与科技的迅速发展，国产传感技术产品的市场竞争力尚未形成，产品的改进与革新速度较慢，生产应用系统的创新改进较少，因此很多产品、技术和系统仍然严重依赖国外引进。

进入 21 世纪以来，传感技术已经是当前各发达国家竞相发展的高新技术之一，也是优先发展的十大顶尖技术之一。这项技术涉及的知识领域非常广泛，其研究和发展也在不断和其他学科技术结合，可以说传感器技术是现代科学技术发展的基础。

1.2.2 传感器

1. 传感器发展现状

传感器是一种总称，是指对那些被测对象的某一确定的信息具有感受(或响应与检出)功能，并使之按照一定规律转换成与之对应的可输出信号的元器件或装置。传感器处于研究对象与测控系统的接口位置，一切科学研究和生产过程需要获取的信息都要通过它转换为容易传输和处理的电信号。如果把计算机比作处理和识别信息的"大脑"，把通信系统比作传递信息的"神经系统"，那么传感器就是感知和获取信息的"感觉器官"。

据统计，在世界范围内汽车市场对传感器的需求增长速度是最快的，其次是通信市场。汽车电子控制系统水平高低的关键就在于采用传感器的数量和种类，一台普通的家用轿车通常会安装几十到上百个传感器，而豪华轿车上传感器的数量更是达到 200 个左右或更多。尽管中国是汽车生产大国，年产量能够达到 2000 多万辆，但汽车上使用的传感器以及涉及的传感器技术却几乎被国外企业所垄断，这也是我国汽车行业亟待解决的问题。

1) 国外发展现状

美、日、英、法、德等国家都把传感器技术列为国家重点开发的关键技术之一。美国早在 20 世纪 80 年代就提出，世界已经进入了传感器时代，并成立了国家技术小组(BTG)帮助政府组织和领导各大公司与国家企事业部门开展传感器技术的开发工作。关系到美国长期安全和经济繁荣的至关重要的 22 项技术中有 6 项与传感器信息处理技术直接相关，而美国空军在 2000 年列举的有助于提高 21 世纪空军能力的 15 项关键技术中，传感器技术名列第二。日本把开发和利用传感器技术作为关系国家重点发展的六大核心技术之一，日本工商界人士甚至声称"支配了传感器技术就能够支配新时代"，日本科学技术厅制定的 20 世纪 90 年代的 70 个重点科研项目中有 18 项是与传感器技术密切相关的。德国一直视军用传感器为优先发展技术，该技术充分发挥老牌工业强国的固有优势，德国制造商依托在自有品牌声誉、技术研发和质量管理方面的优势，使产品保持技术上的领先地位，在传感器市场上始终保有较高的市场份额。

2) 国内发展现状

近年来，随着物联网、5G、人工智能(AI)等技术的不断发展和成熟，我国传感器市场的需求不断增长，呈现多元化的发展态势，随着传感器技术搭乘 5G+物联网技术在各个垂直行业的有序落地，传感器市场的发展潜力将得到更大幅度的提升。尽管如此，目前国内传感器企业仍然面临着六大突出短板，与国外传感器产业相比仍存在较大的差距。

(1) 核心产品和技术依赖进口。

我国传感器在高精度分析、高敏感度分析、成分分析和特殊应用等高端技术方面与国外差距较大，中高档传感器产品大部分仍然依赖国外进口，近 90%的关键芯片依赖进口，在对相关技术进行新原理、新器件和新材料的研发和产业化方面能力较低。

(2) 自主研发率低。

受到国际环境及其他多种因素的影响，国内的很多公司仅仅是国外产品的推销商或代理商，为数不多的传感器生产企业的设计及生产仍然以复刻或代加工国外产品为主，生产技术含量低，产品性能落后。虽然国内很多高校和研究院所能够紧跟国际科研发展水平，及时捕捉前沿的高新技术动态，设计开发先进技术产物，但其成果大都仅限于实验室研究创新，产能有限，产业化应用任重道远。

（3）产业结构不合理。

我国目前传感器产品品种数约为 3 千种，而国外已达 2 万余种，产品品种满足率仅为 15% 左右，远远满足不了国内传感器市场的需求。从行业产品结构看，旧型号占 60% 以上，新产品严重不足，高新技术类产品更少，更不要说数字化、智能化、微型化产品。从总体看，品种不配套、系列不全、高档产品少、技术指标低这一系列弊端必然导致市场竞争力的下降。

（4）企业能力较弱。

纵观我国传感器企业，其中 90% 以上属于小型企业，规模小、研发能力弱、规模效益差，这使得生存成为企业首要考虑的因素，必然降低了企业和国家对研发的投入。据不完全统计，目前传感器市场的市场份额和市场竞争力指数显示，外资企业仍占据较大的优势。

（5）人才资源匮乏。

传感器及其产业的特点之一是技术密集，这也就要求人才相对密集，但从目前国内的情况来看，能够适应当今传感器技术发展需求的、具有高水平的科研队伍及中青年科技专家、技术骨干、学术带头人相对缺乏，导致行业技术更新换代慢，产业发展后劲不足。

（6）统筹规划及投资不足。

我国传感器产品综合实力偏低的重要原因还需要从根源找起，虽然传感器的重要性得到了认可，但配套的科研和政策投入远未达到预期水平，科研投资强度偏低、科研设备落后、科研和生产脱节等现状都严重影响了科研成果的转化和发展。

2. 传感器的组成

生活中出现的各种物理量、化学量或生物量信息都可以通过传感技术进行获取，获取的方式与人类获取信息的方式非常类似，例如模拟人类眼睛的光敏传感器，能够感知光线的强弱变化；模拟人类耳朵的声敏传感器，能够感知不同频率的声音信号；模拟人类味觉和嗅觉的化学传感器，能够利用对不同化学物质的敏感程度实现对物质的感知；等等。

根据信息论的凸性定理，传感器系统获取信息的数量多少与质量好坏主要取决于传感器自身的功能和品质，同时也影响着传感器系统的品质与构造。在工程领域，传感器是一种检测装置，能够感受被测量的信息，并能将获取的信息按一定的规律变换成电信号或其他所需形式的信息输出，以满足信息的传输、处理、存储、显示、记录和控制等要求。

如图 1-1 所示，传感器一般包括敏感元件、转换元件以及转换电路三个部分，由于采用的敏感材料不同，某些传感器的组成可能比图中的更简单或更复杂。

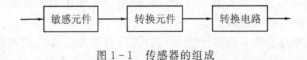

图 1-1　传感器的组成

传感器中的敏感元件都是由特殊材料制作而成的，能够直接感受被测物理量，测量得到的物理量信息将会按照一定的对应关系转换为便于处理的信号。敏感元件能够灵敏地感受被测量并作出响应，它的输出是与被测量成一定数学关系的物理量。材料科学的发展直接推动了敏感元件的发展。例如，铜电阻的阻值能够根据接收温度的变化而变化，阻值的变化范围作为一种响应量，体现着温度的升降，所以铜电阻是一种对温度变化敏感的元件。

由不同材料的敏感元件构成的不同功能的传感器，可用于测量不同类型的物理量。而不同类型的传感器，其输出的数据形式也不尽相同，但往往需要通过转换才能使用，如果敏感元件本身具有信息获取和数据转换这两个功能，就可以不需要额外的转换元件和转换电路，而将转换后的信号直接用于后续处理与检测。比如常见的热敏电阻，其不仅能感受温度的变化，而且能将温度的变化映射成电阻的变化，从而可以将无法直接测量的非电路参数转变成可以量化的电路参数。

3. 传感器的分类与特性

1）传感器的分类

传感器种类繁多，可以从不同的维度进行分类，图 1-2 为比较详细的传感器分类图。从图中可以看到，传感器可以从物理原理、被测量类型、制造工艺、用途和敏感元件功能等维度进行划分。

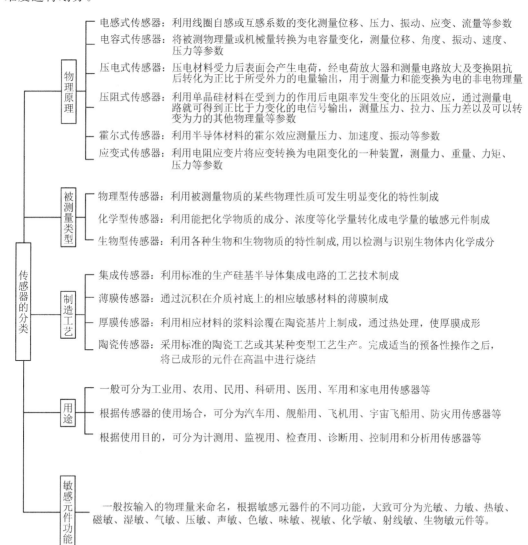

图 1-2　传感器分类图

2) 传感器的特性

传感器的特性是指传感器的输入输出关系特性，即传感器的内部结构参数作用关系的外部特性表现。不同的传感器有不同的内部结构参数，决定了它们具有不同的外部特性。传感器所测量的物理量基本上有两种形式：稳态（静态或准静态）和动态（周期变化或瞬态）。前者的信号不随时间变化（或变化很缓慢），后者的信号是随时间变化而变化的。因此，传感器所表现出来的输入输出关系特性存在静态特性和动态特性两种。

（1）静态特性。

传感器的静态特性是指，对于静态的输入信号，传感器的输出量与输入量之间的相互关系。因为这时的输入量和输出量与时间无关，所以它们之间的关系可用一个不含时间变量的代数方程来表示，或者以特性曲线描述，曲线横坐标为输入量，纵坐标为与输入量对应的输出量。

当传感器的输入量恒定或缓慢变化，而输出量也达到相应稳定值的工作状态时，输出量可以由输入量的确定函数来表示。在忽略滞后和蠕变的影响，或者虽然有迟滞及蠕变等情况但仅需考虑理想的平均特性时，可以将这一确定的函数表示为如下形式：

$$Y = a_0 + a_1 x + a_2 x^2 + \cdots + a_n x^n \tag{1-1}$$

式中，x 为传感器的被测量，Y 为传感器的输出量，a_0 为零位输出，a_1 为传感器的灵敏度，$a_2, a_3, \cdots, a_n$ 为非线性项待定常数，其数值由具体的传感器的非线性特性决定。

从式（1-1）中可以看出，当 $a_0 = 0$ 时，传感器输出量的表达式由线性项 $a_1 x$ 和非线性 $a_2 x^2, \cdots, a_n x^n$ 项组成，如果其非线性项小于等于传感器的允许值，则该传感器可以近似为线性传感器。传感器的作用是将某一输入量尽可能不失真地转换为所需信息，在理想情况下，输入输出之间是线性关系。但是在实际应用中，由于受到随机变化量等因素的影响，不可能达到理想的线性关系，所以需要设定一系列技术指标，来衡量一个传感器检测系统的静态特性。常见的传感器静态特性指标有：线性度、灵敏度、迟滞、重复性、漂移、分辨率、阈值。

· 线性度：传感器输出量与输入量之间的实际关系曲线偏离拟合直线的程度，其定义为全量程范围内实际特性曲线与拟合直线之间的最大偏差值与满量程输出值之比。

· 灵敏度：传感器静态特性的一个重要指标，定义为输出量的增量与引起该增量的相应输入量的增量之比。

· 迟滞：传感器在输入量由小到大（正行程）及输入量由大到小（反行程）变化期间，其输入输出特性曲线不重合的现象。对于同一大小的输入信号，传感器的正反行程输出信号大小不相等，其差值就称为迟滞差值。

· 重复性：传感器在输入量按同一方向作全量程连续多次变化时，所得的特性曲线不一致的程度。

· 漂移：在输入量不变的情况下，传感器输出量随时间变化的现象。产生漂移的原因一般有两个：一是传感器自身结构参数的影响，二是周围环境（如温度、湿度等）的影响。

· 分辨率：当传感器的输入从非零值缓慢增加时，在超过某一增量后输出会发生可观测的变化，这个输入增量就称为传感器的分辨率，即最小输入增量。

· 阈值：当传感器的输入从零值缓慢增加时，在达到某一值后输出会发生可观测的变化，这个输入值就称为传感器的阈值。

（2）动态特性。

动态特性指的是传感器对于随时间变化的输入信号的响应特性。在测量静态信号时，线性测量系统的输入输出特性关系可以绘制为一条直线，即二者存在一一对应的关系。而当传感器的输入信号是随时间变化的动态信号时，就要求传感器能够实时准确地测量出信号幅值的大小，无失真地再现被测信号随时间变化的波形。输入信号变化的快慢会影响传感器的跟踪性，具体来说，就是输入信号变化得愈快，传感器的随动跟踪性能会逐渐下降。

通常可以从时域和频域两个方面对传感器的动态特性进行分析，采用瞬态响应法和频率响应法进行特性的计算。传感器的动态特性与其输入信号的变化形式密切相关，由于输入信号的时间函数形式是多种多样的，因此在研究传感器动态特性时，通常根据输入信号的变化规律考察传感器的响应输出。时域内可以使用的输入信号有阶跃函数、脉冲函数和斜坡函数等；频域内一般是采用阶跃输入信号和正弦输入信号，在传感器动态标定和动态特性的分析应用中，为了便于比较和评价，通常会选择最常见、最典型的输入信号——阶跃信号和正弦信号，因为针对这两种信号的物理实现和计算求解方法相对比较成熟。

• 阶跃响应（或瞬态响应）。阶跃响应通常是利用输入阶跃信号来研究传感器时域动态特性的，即输入阶跃信号时，传感器的输出响应可描述为传感器在瞬变的非周期信号作用下的响应特性。一个典型的阶跃响应特性曲线如图 1-3 所示，从图中可以看出，针对该曲线的描述指标一般包括上升时间 t_{rs}、响应时间 t_{st}、超调量 M 等。

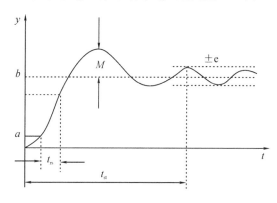

图 1-3　阶跃响应特性曲线

• 频率响应。当输入信号为正弦信号时，传感器的响应称为频率响应或稳态响应，这种响应是指传感器在振幅稳定不变的正弦信号作用下的响应特性。在采用正弦输入信号研究传感器或测量系统频域动态特性时，通常采用幅频特性和相频特性来描述其动态特性，还有一个非常重要的指标是频带宽度（简称带宽），定义为增益变化不超过某一规定分贝值的频率范围。

4. 传感器的应用

在当代社会发展方向下讨论传感器的应用，不能仅局限于传统的应用场景和方法。传感器也被广泛用于物联网领域，随着物联网的快速发展，其作用尤为重要。以"万物互联"为目标的物联网，是对互联网的延伸和扩展，代表着信息领域的发展与变革。传感器作为物联网感知层最重要的技术组成部分，是系统数据的传输入口，是环境感知的基础，其不仅在工业、农业、军事、环境、医疗等传统领域具有巨大的应用价值，还将在更多新兴领域体现出优越性和重要性，研究发展前景广阔。

与传统互联网相比，物联网的最大特征是，通过部署大量各种类型的传感器设备，构建一个强大的信息采集网络，进而获得不同的信息内容。物联网一般可以分为三个层级：感知层、网络层和应用层（更为详细的介绍见后面的 6.4 节）。其中，感知层为物联网的底层，负责数据的获取和采集，是物联网系统的数据入口。感知层还会被细分为传感器、信息传输节点和传感器网关等结构，收集到的信息内容和信息格式根据传感设备类型具有较大的差异。

物联网首先需要通过感知技术与智能设备实现对周围物理世界的感知和识别，以获取和收集信息，然后利用各种网络传输载体对信息进行传输，最后结合大数据技术、边缘计算技术、数据挖掘技术和人工智能等先进的数据处理、数据计算方法，对接收到的数据进行更为深入的加工、处理、计算和深度挖掘，用以达到物—物、人—物之间信息交换和连接的目的，实现随时随地的人、机、物的互联互通，实现生产生活的科学智能决策，提升人类对客观世界的控制、管理和资源配置能力。常见的传感设备包括各类传感器、二维码标签、RFID 标签、GPS、读写器、摄像头等。下面将从几个典型的领域对传感器的应用进行简单的介绍。

1）农业领域主要应用的传感器类型

传感器技术是现代农业的一项重要研究内容，现代农业的产业化、信息化都离不开传感器技术的支持。在现代农业领域，目前使用的传感器大致可以分为物理类传感器、化学类传感器和生物类传感器三大类。

（1）物理类传感器。

物理类传感器的作用是感知被检测对象的物理参数，例如湿度传感器就是利用材料的电气或机械性能会随着湿度的变化而变化的特性来测定介质中水分的含量，气体传感器可以将气体的体积分数转化成对应的电信号，红外线传感器可以将接收到的红外线辐射信号转化为与之对应的电信号，等等。

（2）化学类传感器。

化学类传感器是利用材料对各种化学物质的不同敏感程度，选用特定的敏感材料进行对化学物质的感知，并将其浓度信息转换为电信号进行检测的仪器，这类传感器可以模拟人类嗅觉和味觉器官功能，甚至感受人体器官不能识别的某些物质信息。化学类传感器经常用来检测包括气体成分及浓度、离子或电解液浓度、空气湿度在内的各种物质化学特性，其中，气敏传感器可用来感知环境中的某种气体及其浓度信息，可以用于检测环境中的烟雾含量是否超标，并适时进行报警提示；湿敏传感器能够将被测环境的湿度信息转换成便于测量的电信号，用来测量大气中水蒸气的浓度信息；pH 值传感器能够实现连续在线的测量和水相溶液的 pH 值信息监控等。

（3）生物类传感器。

生物体具有非常重要的生物物质资源，如酶、抗体、组织、细胞等，利用这些生物物质能够有选择性地分辨某些特定物质。生物类传感器是一种对生物物质敏感并且可以将其浓度信息转换为便于测量的电信号进行检测的仪器，是基于生物电化学理论感知被检测对象的生物信息变化的装置，一般由分子识别模块、理化转换模块及信号放大模块组成。对生物类传感器进行分类可以有多种方式，如根据其使用的分子识别元件，可以将其分为酶传感器、微生物传感器等；根据信号转换元件的不同，可以将其分为电化学生物传感器、半导体生物传感器、测热型生物传感器等。生物传感器种类繁多、功能各异，传感器技术的进步也在不断加速其市场化、商品化的进程。

2）工业领域主要应用的传感器类型

有统计显示，我国工业领域的传感器应用占比较大，其中以汽车电子应用和通信电子应用最为典型。在工业自动化领域，传感器作为机械的触觉感知部件，是实现工业自动检测和自动控制的首要环节。工业环境相比消费电子等民用领域更加复杂严酷，因此对传感器的各项性能要求也会更高，实时性、精度、稳定性、抗震动和抗冲击性等往往是工业传感器的重要考核指标，需要基本满足工业控制零误差的要求。根据应用需求的不同，工业传感器的种类也是非常繁杂的，仅从功能上说，就有包括光电、热敏、气敏、力敏、磁敏、声敏、湿敏等不同的类别可供选择。不同生产类型的企业选用的传感器种类和性能往往也会有一定的个性化要求：根据企业生产环境，某些企业会对传感器的耐受温度、湿度、酸碱度等指标提出更高的要求；根据产线电气、结构设计，会对设备的功耗和尺寸进行严格限制等。

3）工业机器人领域主要应用的传感器类型

工业机器人是实现工作自动执行的装置，是工业智能制造系统中最为重要的智能设备，而工业机器人的传感器是决定机器人性能水平的关键因素。不同于普通的工业传感器，工业机器人要求传感器完成更为复杂且精准的动作，以此来弥补人工操作的弊端，因此对传感器技术和智能处理技术的要求更高。

工业机器人传感器一般包括触觉、视觉、力觉、测距、定位等类型。可以根据传感器的应用场景，又将这些传感器划分为内部传感器和外部传感器。工业机器人的内部传感器按照功能可以细分为许多种类：根据测量物理量的不同，可以分为检测位置、角度、速度、角速度、加速度等类型的传感器，这些传感器在机器人的感知系统中发挥着重要作用，如在机器人位置反馈控制系统中，测量机器人关节线位移和角位移的传感器必不可少。在驱动器反馈控制系统中，速度、角速度测量传感器是关键所在。工业机器人的外部传感器按照功能可以细分为：用于分辨不同材料、颜色等物体特征的视觉传感器；用于感知物体形状、软硬程度等物理性质的触觉传感器；用于实现机器人周围空间的物体定位及空间形状特征检测的距离传感器；等等。随着应用领域的不断拓展，产生了更多具有特殊功能的传感器，如听觉传感器、味觉传感器及电磁波传感器等，这些外部传感器的引入很大程度上改善了工业机器人的工作状况和模式，使其能够在更多领域完成复杂的工作，扩大了机器人的应用范围。

通过前面的讨论，我们已经知道工业机器人使用的传感器种类和数量都很多，并且随着传感器功能的不断拓展和丰富，如果还是将传感器的使用条件和感知范围分开考虑的话，获取的信息只能是部分的或侧面的；如果期望对识别目标建立完整全面的认识，就需要采用传感器融合技术对传感器收集到的各类信息进行综合分析，这样才能从更多维度的信息中得到更有价值的内容。但是多传感器的融合是一门综合性非常强的技术，涉及对包括专家系统、知识工程、模糊集理论等多领域新理论、新知识、新技术的检测、控制等，因此建立多传感器融合体系在技术层面还存在着一定的困难。随着对机器人相关技术的纵深研究，相信多传感器信息融合理论也会逐步完善，使其在工业领域发挥更加重要的作用。

4）无人驾驶领域主要应用的传感器类型

传感器、导航系统、GPS定位系统是无人驾驶汽车的三个重要组成部分，汽车中的传感器就相当于人体的神经感知系统，可以起到感知、避障、导航、无线通信等作用。在这一领域使用较多的传感器有视觉传感器和雷达传感器。

（1）视觉传感器。

无人驾驶汽车中的视觉传感器是无人驾驶汽车的重要信息来源，主要利用视觉采集设备获取环境信息和彩色景象信息。目前无人驾驶汽车视觉传感器主要为摄像机，根据功能又可划分为单目摄像机、双目立体摄像机和全景摄像机。摄像机模拟了驾驶员的眼睛，可以对车身周围的路况、天气、行车轨迹、车速等信息进行识别。

（2）雷达传感器。

无人驾驶汽车中的雷达传感器是另一种重要的信息获取设备，而雷达信号（特别是激光雷达信号）因方向性强、测量精度高、抗干扰性强等优势，也被广泛地应用在军事领域，实现对飞机、导弹等移动目标的精准探测、跟踪和识别，获取重要的作战信息。激光雷达的工作原理可以概括为：首先通过发射激光束照射探测目标，然后接收从目标反射回来的信号并与发射信号进行比较，最后通过进一步的分析和计算来获取探测目标的位置、速度等关键信息。一般可以将激光雷达分为单线和多线两种：单线激光雷达通过发射激光束对某一区域进行扫描，并根据区域内各点与扫描仪的相对位置，采用极坐标的形式表示实际测量值；多线激光雷达通过发射2条及以上（最多可发射64条）的激光束，在水平和垂直方向分别进行探测。与单线激光雷达相比，多线激光雷达因为具有一定的俯仰扫描角度，可以实现对探测"面"的扫描。但是，激光雷达也有一定的弊端，比如雷雨、大雾等特殊天气情况将会严重影响测量性能，使激光雷达无法正常发挥作用。

5）在智能交通领域主要应用的传感器类型

研究显示，在智能交通领域将多目标雷达传感器与图像传感器结合，可以在拍摄的单幅静态图片上同时显示多辆车的速度、距离、角度等信息，实现对监控道路车辆状况的高效获取。除此之外，车流量雷达传感器、2D/3D多目标跟踪雷达传感器等新型传感器也在逐渐普及，为道路交通状况实时感知及处理提供技术支撑，为交通的智能化监管提供助力。

6）在智能家居领域应用的传感器特点

众所周知，实现家居智能化仅仅依靠智能手机和智能路由是远远不够的，这两种信息获取渠道并不能准确呈现用户的真实诉求，要想实现真正意义上的智能家居，还需要大量的传感器作为支撑。纵观目前市场上的智能家居产品及解决方案，通常将使用硬件作为接入点，通过传感器或者其他方式搜集设备数据、用户使用数据，然后利用后端的大数据技术、智能算法，将更具个性化和符合个人需求的互联网服务带入家庭活动的方方面面。可以看出，加大传感器在产品层面上的研究，是企业做出"好产品"的前提。

5. 传感器的发展

传感器技术作为未来科技的核心技术之一，正在向着微型化、智能化、低能耗以及应用范围广泛化发展，概括起来主要体现为下面几种发展趋势。

（1）自动校准。

从长远发展来看，能够实现自动校准的传感器将获得非常高的成本效益。自动校准技术可以减少传感器的维护频次和时间，大幅降低维护成本，在发生各种灾难和风险时，其优势将会得到极大体现。

（2）多通道协作感知。

目前，有研究人员正在进行多通道协作频谱感知技术的研究，虽然这项技术的发展还处于初期阶段，但是一旦技术成熟，将比传统单通道传感器提供更精准的监测数据，这一优势将促进传感器在医疗等要求高精度、高可靠性和可复制性领域的蓬勃发展，同时促使监测设备在业务层面的快速拓展。

（3）柔性化。

柔性传感器（如柔性光传感器、pH 传感器、离子传感器和生物传感器等）是未来传感器发展的一个重要方向。由于其小巧、柔性的特质，已在如人造皮肤、可穿戴设备和微动传感等诸多创新应用场景得到了关注和认可。柔性传感器不需要电源供电，利用微线技术和磁场技术，可以制成像头发丝一样纤细且具有弹性的器件，实现无接触地测量温度、压力、拉力、应力、扭转和位置等信息。

（4）精准感知。

未来设计的传感器将更加高效地模拟人类的感觉器官，检测、处理和分析生物危害、气味、材料压力、病原体和腐蚀等更为复杂的环境信息。同时，传感器将不仅能够感知大量的单一分析物，而且可以捕获少量的微观信息，如高精度气体传感器可以破解气味的组成成分，基于振动原理的智能微尘传感器可以监控战场、高层建筑或动脉堵塞等情况。

（5）医疗应用。

通过日常观察不难发现，目前很多与健康相关的传感器主要应用在休闲养生领域，但它们的性能和功能尚未达到医疗级。不过，随着实验室系统的微型化，生物危害感知等新兴感知技术将会得到快速的推动和发展。未来，更多医疗级的传感器将通过严格的监管审批实现医疗应用，使医疗检测更加轻松、便捷和高效。可吞服传感器便是实验室系统微型化后非常典型的应用之一，很多健康科技初创企业正不断尝试使用可吞服传感器来替代传统的内窥镜检查，以减少患者的痛苦。此外，一些科技公司研发的可吞服或可植入药丸，可以在体内长期持续给药，使患者的日常治疗更为轻松。

（6）低能耗。

多数传感器的设计并未从节能角度进行重点考量，传统的传感器在使用中一般是处于常开状态的。随着传感器的智能化发展，低能耗逐渐被提升为传感器的综合评判指标，传感器产品也在向着低能耗这一目标进行技术改良，例如，采用条件驱动的方式，研发只有满足某个触发条件时传感器功能才被激活，其他时间处于待机模式的传感器；研究能打破传感器的传统供电模式，实现从所处环境中获取能量的方法，使得传感器可以更长时间运行；等等。有研究表明，运动、压力、光线或身体与周围空气的热量差等都可以成为传感器的能量来源。

（7）环境友好型。

环境友好型传感器，可以感知所在空间的温湿度、气体质量、PM2.5 以及是否存在有害气体等情况，并根据感知的信息为室内人群提供舒适温度、新鲜空气等，改善人们的体验，提高生活质量。环境友好型传感器另一层面上还表现为可降解性，传感器的制作材料可以选择由细菌驱动的可降解纸基电池材料，该类材料制成的传感器可应用于农田管理、环境监测、食品流通监测或医疗检测等领域，极大地降低了环境污染风险。可以预见，环境友好型、可生物降解的传感器将会受到欢迎。

（8）系统多样化。

前面也讨论过，单一的传感器部件已经不能满足日渐复杂的感知需求，传感器协作感知将会是一个重要的发展方向，而传感器集群便可以很好地协调传感器之间的工作，通过自主学习确定系统的工作内容和位置。此外，伴随着各种新技术的应用，传感器也将变得更加复杂多样，例如，借助激光技术，传感器可以通过物质独特的光谱特性识别出物质的组成；飞行时间传感器可以利用红外光脉冲来测量两个物体之间的距离；由晶体、特殊陶瓷、骨骼、DNA、蛋白质等材料制作的压电传感器可以更好地对外部压力和潜热进行响应；等等。

1.3　智能传感器

1.3.1　智能传感器简介

传统意义上的传感器，只能感受规定的被测量，然后按照一定规律将被测量信息转换成便于测量的输出信号。智能传感器则不同，它自身带有微处理器等具有信息监测与信息处理功能的器件或装置，这就是它与传统传感器最本质的区别。

智能传感器一般由传感器模块、嵌入式系统模块、通信模块和供电系统模块组成（如图1-4所示），其中嵌入式系统模块是智能传感器的核心部分，能够对传感器测量的数据进行计算、存储、数据处理，还可以通过反馈回路对传感器进行反馈调节。嵌入式系统可以充分发挥软件功能来完成硬件设备难以完成的任务，从而在保证传感器性能的前提下，大大降低其工艺制造难度和制造成本。

图1-4　智能传感器组成框图

智能传感器几乎包括仪器仪表的全部功能，以应对不同的应用需求。常见的应用场景包括特征量提取、预警、自诊断、自适应、数据传输策略等，需要按照实际要求进行功能的确认和验证。对智能传感器的性能要求更为严格，要求其具有更高的准确性、灵活性，且兼顾可靠性及性价比等指标。智能传感器概括起来主要具备以下几个特征：

① 能够存取测量数据，提高检测可靠性；
② 能够测量复合参数，扩展检测范围和类型；

③ 能够校正补偿测量值，提高检测精确度；

④ 能够排除外界干扰，有选择性地测量，提高检测鲁棒性；

⑤ 能够测量微小信号，提高检测灵敏度；

⑥ 能够满足更多场景测量要求，丰富检测功能；

⑦ 能够感知状态，定位故障位置，实现自诊断；

⑧ 能够利用数字通信接口，与计算机实现通信连接。

上面提到的智能传感器自诊断技术，是要求同时对传感器的软件和硬件(如 ROM、RAM、寄存器、插件、A/D 转换电路、D/A 转换电路及其他硬件资源)进行检测，来验证传感器能否正常工作，并显示相关信息。传感器的软件故障诊断通常是以传感器的输出值为基础进行的，主要有 4 种诊断方法：硬件冗余诊断法，基于数学模型诊断法(如参数估计诊断法、状态估计诊断法等)，基于信号处理诊断法(如直接信号比较法、基于主成分分析诊断法、基于小波变换诊断法等)以及基于人工智能诊断法(如基于专家系统诊断法、基于神经网络诊断法等)。

由于智能传感器是建立在大规模集成电路的基础上的，所以它除了具有小型化、集成化优势外，还有助于快速组建更高级的传感器系统，进而快速便捷地将检测转换技术和信息处理技术有机结合起来。

1.3.2　智能传感器应用

(1) 航空航天。

智能传感器可用于检测航天飞机的使用情况，通过在舱身各关键部位安装智能传感器，汇总各路传感器信息后利用中央传感器发射电磁波信号，然后将接收到的信号转换为实时数据并传输到监管计算机中，计算机利用信号分析算法处理和分析该数据内容并进行信息反馈，以这种方式实现对舱内部署设施以及关键部件健康状况的跟踪监测。

(2) 海洋探测。

智能传感器经过对海洋观测信息的感知、采集、转换、传输和处理等步骤，能够测量并提供包括温度、电导率、压力、深度等各种海洋环境要素的原始数据，以用于海洋科学研究和未来海洋资源的开发。随着光电技术、生物计算机等先进技术的急速发展，智能传感器的开发和应用也在逐渐转变海洋探测的方式。此外，21 世纪海洋探测装备也将向着灵巧化、小型化发展，使之更加适应水面、水下、空中等多栖作战平台，在海军武器装备领域发挥更为重要的作用。

(3) 军事国防。

在军用飞机、主战坦克、船舰及地面战场警戒系统、军用机器人、军事化学器材等领域，军事传感器都发挥着举足轻重的作用。实战中借助传感器设备，可以快速发现与精确测定敌方目标，测定火控系统、发动机系统等各作战系统的各类参数，保证武器发挥最大效能。在军事领域，智能化作战的推进与智能传感器的研发密切相关，这将改变传统的作战方式，大幅提高作战效率、武器威力、作战指挥能力及战场管理能力，同时降低战争带来的人员伤害和资源损耗。

　　（4）智慧农业。

　　农业项目大多是在田间进行的，因此对传感器设备的校正工作难以进行，人工成本较高。应用于农业领域的传感器对数据稳定性方面的要求相对较高，而智能传感器的普及是改变这一现状最为有效的创新应用。智能传感器技术通过应用传感与测量技术、自动控制技术、计算机与通信技术等智能信息技术，依托安置在农产品种植区的各个传感器节点和通信网络，实时采集温度、湿度、CO_2 浓度、土壤温度、叶面湿度及光照度等环境要素参数，实现可视化管理、智能预警等功能，解放双手，提高对农业各方面要素监管的准确性和可靠性，在智慧农业领域将会有很好的发展前景。

　　（5）工业自动化。

　　智能工业传感器可以通过神经网络或专家系统建立起可被直接测量的已知指标及无法直接测量的未知指标之间的数学模型并进行计算，更加全面地推断和预测产品的整体质量，解决了传统传感器的弊端，实现了对黏度、硬度、成分、味道等质量指标的直接检测，并完成了在线反馈控制，成为实现工业 4.0 的基础和变革性力量。

　　（6）医学领域。

　　智能传感器在医学领域也发挥了很重要的作用，应用主要集中在医学图像处理、临床化学检验、生命体征参数监护、疾病诊断与治疗等方面，因为需要正确反映身体状况，所以对传感器精确度、可靠性、抗干扰性、体积大小都有很高的要求。目前，对可穿戴式、可植入式的微型智能传感器的研发和生产，正在带领着医学检测与治疗手段的跨越式发展。美国加利福尼亚州的 Cygnus 公司生产的一款"葡萄糖手表"便是一种用于医疗使用的可穿戴智能设备。传统的血糖测量方式必须刺破手指，再利用葡萄糖试纸采集血样，通过专用仪器的检测得到血糖水平结果，这种方法流程复杂且会给病人带来轻微的痛苦。而这种葡萄糖手表上有一块涂着试剂的垫子，当与皮肤接触时，人体内的葡萄糖分子就被吸引到垫子上，与试剂直接发生电化学反应产生电流，微处理器就可以计算出与传感器检测电流相对应的血糖浓度信息并以数字的形式显示出来。

　　（7）智能家电。

　　智能家居是影响人类生活方式改变的重要模式之一，也是未来发展的一大趋势，与之相关的智能家电产品将会成为很多家庭的必备产品。智能家电的重要组成部件之一就是智能化的新型传感器，它是实现人与家电交流的基本器件，也是构成家居物联网的基础，已经在如电视机、风扇、空调、洗衣机、烘干机、冰箱、衣柜等诸多家电中获得普及和推广。

　　（8）智能交通。

　　无人驾驶汽车的推广和使用展现出对车辆驾驶方式的创新型变革，这离不开智能传感器的辅助和推动。无人驾驶汽车的激光测距系统、摄像头、雷达、惯性、车轮等部件/系统均安装了智能传感器，以实现精准的数据采集和策略制定。若能提高企业的成本控制能力，无人驾驶车辆的全面市场化或可实现。

1.3.3　智能传感器发展

　　我国智能传感器企业的核心技术竞争力较弱，跨国公司占据了国内的大部分市场份额，但是，中国智能传感器的产业生态趋近于完备状态，在设计制造、封测等重点环节均有实力强大的骨干企业布局，这些企业主要集中在长三角地区，并逐渐形成向北京、上海、南京、深圳、沈阳和西安等中心城市辐射的区域空间分布，这将成为我国自主研发的智能传感器产品落地推广的有力推手。

1. 智能传感器发展现状

1）专业化程度低

智能传感器的设计研发涉及的专业领域广泛，需要多门学科、理论、材料和工艺知识的全面融合，因此需要各行业专业性人才的参与，但是我国目前面临着人才匮乏、研发成本不足、企业恶性竞争等问题，在传感器的一些共性关键技术研发方面尚未取得突破性进展。此外，由于我国相关企业技术实力较为落后，未能促使行业发展规范的形成，传感器各模块产品不配套、不成系列，重复生产等现象频发，必然带来产品性能的降低。当出现产业化程度与品种和系列不成正比的情况时，就只能长期依赖进口国外产品。其实，企业在加大力度进行人才引进和培养的同时，也可以考虑采用成本可控的高效专用设备和专用工艺装备，实现传感器生产过程的机械化、自动化，简化工人的操作，减少人工干预过程，降低对人员的依赖，同时可以按照生产对象组织专业化的生产活动，条件允许的情况下采用流水生产线方式，编制标准的作业计划，实行严格的生产管控。

2）资金支持欠缺

智能传感器产业技术含量较高，人才、技术相对密集，开发成本也在一定程度上大于其他行业。而且，与同等高科技企业或项目相比，国家对智能传感器产业的政策扶持力度仍需加强，多项产业政策扶持条件的适应性不够，规模较小的企业难以获得项目资金支持，税费负担也相对较重。这些企业长期受到进口产品的冲击，不仅使市场公平性得不到保障，而且竞争壁垒过高。在一些较为成熟的领域，配套市场长期被国外企业垄断和挤压，使得国内企业在生产规模、品种、质量、价格、市场反应速度、个性化服务能力等方面缺乏竞争优势和拉动作用。

2. 智能传感器发展趋势

1）数字化

智能传感器是由一个或多个敏感元件、微处理器、外围控制及通信电路、智能软件系统结合的产物，兼具监测、判断、信息处理等功能。与传统传感器相比，智能传感器有很多显著优点，如可以确定传感器的工作状态，对测量数据进行自修正，减少环境因素（如温度、湿度）引起的误差，可以用软件来解决硬件难以解决的问题，可以完成数据计算与处理工作等。除此之外，智能传感器在测量精度、准确度、量程覆盖范围、信噪比、稳定性、可靠性、兼容性、远程可维护性等方面也具有很强的优势。随着智能传感器的数字化发展，必将在智能化、网络化应用中成为感知模块的首选部件。

2）微型化

智能传感器中的微型传感器是基于半导体集成电路技术发展的 MEMS（Micro Electro Mechanical Systems，微电子机械系统）技术，利用微机械加工技术将微米级的敏感组件、信号处理器、数据处理装置封装在一块芯片上，具有体积小、成本低、便于集成等显著优势，目前已逐渐取代原有传统产品。随着微电子加工技术、纳米加工技术的快速发展，传感器技术还将从微型传感器进化为纳米传感器，传感器的研制和应用也将在越来越多的领域得到推广。

3）仿生化

利用智能传感器技术可以实现对人类各种感觉器官的模拟，获取环境中的视觉、听觉、触觉、嗅觉等信息，是近年来生物医学、电子学和工程学相互渗透发展起来的一种新型信息技术。随着生物技术和其他技术的融合发展，模拟生物体功能的智能传感器，其感知能力将远远超过人类感官，这将进一步完善智能机器人的视觉、味觉、触觉方面的感知方式和能力，提高对目标物体的操控能力，拓宽智能传感器的应用场景和领域。

4）集成化

为了实现传感器产品和市场的转型升级，实现离散器件向传感与数据处理一体化集成的智能传感器的转型发展，集成化是必然的趋势，传感融合、系统集成等提升产品附加价值的方法也将会得到重点关注和研究。从目前几款比较典型的智能传感器组成来看，具有传感器信号转换接口电路、信号处理电路、数据输出电路等的微型处理单元，经过系统级封装或片上系统封装后，与 MEMS 传感器一体化集成而形成的智能传感器节点，经常被用于医疗、生产、军事等关键领域。

3. 智能传感器的研究热点

关于智能传感器的研究通常可以概括为两个方向，一个是专注于对传感器自身性能的提升；另一个是结合网络化发展进程，向着传感器网络化纵深方向研发。下面着重介绍几种实现传感器网络化的较典型研究。

1）多传感器信息融合技术研究

在实际生产生活中，传感器的工作环境通常较为复杂，电磁或非电磁干扰无处不在。当传感器工作于强电磁干扰环境中时，就需要采用健壮性和容错性较好的多传感器信息融合技术来处理接收到的不确定的甚至错误的信息，以保证检测任务的顺利完成。这项技术已经在许多领域得到了应用。

2）分布式测控系统研究

分布式测控系统是指通过总线形式，与分布在各个检测点的模块进行数据交换，以达到远程测量及控制的目的，是一种分散式的测控系统，主要由分布式主机及各个测控子站组成。其中，分布式主机主要用于管理各个子站，将各种传感器、控制器、执行器等连接起来，与上位机进行数据交换，而测控子站完成数据的采集与控制。利用互联网或以太网等网络技术组建的分布式测控系统，能够更好地满足数据信息实时性传输的需求，随着网络开放系统与标准研究的成熟和深入，系统的灵活性与健壮性得到了明显的提升。基于工业以太网的分布式测控系统正在成为测控领域的新热点，它以经济性、分布式 I/O 属性、开放性、通用性和软硬件支持等诸多优势，已迅速用于对传感器网络应用的研究中。

3）无线传感器网络研究

传统的有线传感器网络，顾名思义，是利用电缆连接方式实现数据的发送和接收功能。但是在某些特殊的应用场景下，如在执行军事侦察任务或者气候监测等特殊形式的任务时，有线传感器网络技术无论在技术难度还是组建成本等方面，都存在着一定的局限性或不可行性。在这种情况下，无线传感器网络技术的引入会使这些问题迎刃而解。无线传感器网络替代了电缆的物理连接方式，利用射频信号实现了信号的传输。可量测性、抗干扰性和节点功耗等都是评价无线传感器网络的重要指标。

思考题与习题 1

1-1　信息的特征有哪些？

1-2　什么是传感器？简述传感器的组成和分类。

1-3　如何理解传感器的静态性能指标和动态性能指标？

1-4　比较智能传感器与传统传感器的差异。

1-5　比较有线传感器网络和无线传感器网络各自的优缺点。

第 2 章　典型传感器

　　如果仔细观察人们的日常生产生活，会发现传感器的身影无处不在，举几个简单的例子：智能门禁系统中，通过对人员位置和距离的感知，当检测到有人进入到系统有效响应范围时，触发人脸识别、报警等关联动作；智能楼宇系统中，基于对环境声音、烟雾、火焰等状态的感知，自动触发照明装置、报警装置及消防装置的响应；智能家居系统中，影响人们体感状态的因素主要有环境温度、湿度、光照度、噪声等，通过在关键检测位置部署可以对这些信息进行准确感知的传感器装置，智能地适配相关空调系统、电动窗帘系统、音响系统等的设置方案；智慧城市系统中，融合了多种类型的传感器正在实时高效地为城市环境保护发挥着重要作用，如研制的各种室外环境监测仪器、汽车尾气排放监测站等。传感器可以视为人类感观的延伸，为自动检测和自动控制功能的实现提供技术支撑。下面将针对几类比较典型的、基于不同感知原理的传感器进行分析和讨论。

2.1　温度传感器

　　温度是衡量物体冷热程度的指标，在工业生产领域，温度传感器的应用较为普遍。因为产品的质量往往是与环境或生产温度密切相关的，所以对温度指标的要求通常较为严格，如要求温度参数能够稳定在一定的数值范围内或者遵循某种规律进行变化。热敏传感器是一种比较典型的温度传感器，它可以将温度信号转换成电信号，其转换器件又可以分为有源和无源两种类型。有源转换器是基于热释电效应、热电效应或半导体结效应等的原理制作而成的，无源转换器则是利用电阻的热敏特性进行感知和测量的。本小节主要介绍三种常见的温度传感器——热电偶传感器、热电阻传感器和热敏电阻传感器。

2.1.1　温度传感器类型

　　下面主要基于温度传感器的电阻材料的热电效应介绍常见的温度传感器。

1. 热电偶传感器

　　电子论观点认为，在金属和半导体中，电流、热流的形成都与电子的运动有关，所以电位差、温度差会导致电流、热流的产生，电流、热流之间的交叉关联就构成了热电效应。热电偶传感器就是基于热电效应理论设计制作的，通常满足以下几个基本定律。

　　（1）均质导体定律。

　　当同一种均质材料（导体或半导体）两端焊接组成闭合回路时，导体截面和温度分布的任何变化都不会产生接触电势，温差电势相互抵消，使得回路中的总电势为零。热电偶是由均质的两种不同种类导体或半导体（也即热电极）组成的，当利用同一种均质材料组成热电偶时，热电极直径、长度以及温度分布情况均不会影响回路中的总电势值，由于不产生接触电势并且温差电势相互抵消,回路中的总电势可以保持为零。不均匀的材料将会导致热电极各处的温度不同进而导致附加热电势的产生,这样就会给测量带来一定的误差,因此热电偶传感器对材料的均匀性有很高的要求。

(2) 中间导体定律。

在保证插入导体的两端温度相等的条件下,假设在热电偶回路中插入多种均质导体,插入导体的温度分布情况对原始热电偶回路的总电势不会产生影响,这就是热电偶的中间导体定律。

(3) 标准热电极定律。

任何两种不同材料的热电极都可以组成热电偶,一般可以通过实验的方法计算热电势与温度之间的映射关系。标准热电极定律是指,如果选定了某一热电极,分别与其他热电极进行配对组成不同的热电偶,并计算出相应的热电势,那么当其他热电极之间重新配对组成新的热电偶时,该热电偶的热电势值就可以利用相互之间的关系转换求得。

(4) 中间温度计算定律。

设热电偶两个电极 A、B 的测量温度为 (T,T_0),则热电势可以由两个电极温度分别为 (T,T_n) 和 (T_n,T_0) 时对应的热电势计算求得,如公式 (2-1) 所示:

$$E_{AB}(T,T_0) = E_{AB}(T,T_n) + E_{AB}(T_n,T_0) \qquad (2-1)$$

2. 热电阻传感器

热电阻传感器与热电偶传感器均属于温度测量中比较常见的接触式测温装置,但是二者的测温原理和特点却不同。

热电阻传感器的测温原理是,利用导体或半导体的电阻值会随着温度的升高而增大的特性来进行温度信息感知,建立电阻值与温度间的映射关系,这样温度就可以通过电阻值计算求得。电阻值与温度的关联原理其实也不难理解,温度升高会加剧金属材料内部原子晶格的振动,增加金属内部的自由电子通过金属导体的阻力,进而导致电阻率的升高以及总电阻值的增大。用于温度测量的热电阻,其金属材料的电阻温度系数和电阻率较大、热容量较小。在允许的测温范围内,材料的物理和化学属性稳定,随着温度的升高,电阻值测量更精确,计算的温度更真实。常用热电阻种类说明如下。

(1) 铂电阻。

铂电阻的电阻值与温度之间的关系会随着温度的变化而变化,铂电阻具有测温范围宽、稳定性好等优点,但它是一种非线性测温元件,根据国际电工委员会提供的数据,铂电阻与温度的关系式如公式 (2-2) 所示,其中 R_0 和 R_T 分别表示温度为 0 ℃ 和 T ℃ 时铂电阻的电阻值,A、B、C 均为常数系数。

$$R_T = \begin{cases} R_0 \left[1 + AT + BT^2 + C(T-100)T^3 \right], & -200\ ℃ \leqslant T \leqslant 0\ ℃ \\ R_0 (1 + AT + BT^2), & 0\ ℃ \leqslant T \leqslant 850\ ℃ \end{cases} \qquad (2-2)$$

由上式可以发现,在相同的温度情况下,R_0 的取值会影响 R_T 的值。目前我国常用的铂电阻有两种,根据分度表可以表示为 Pt_{100} 和 Pt_{500},分别代表 R_0 为 100 Ω 和 500 Ω 的铂电阻。

(2) 铜电阻。

在测温范围较小或对测量精度要求不高的情况下,通常可以采用铜电阻替代铂电阻,铜的电阻值与温度呈线性关系，如果用 R_0 和 R_T 分别表示温度为 0 ℃和 T ℃时的铜电阻的电阻值，α 为常数系数，那么二者的关系可以表示为式（2-3）：

$$R_T = R_0(1 + \alpha T) \tag{2-3}$$

目前，我国工业上常用的铜电阻有两种，根据分度表可以表示为 Cu_{50} 和 Cu_{100}。

温度传感器除了使用这些比较常见和典型的热电阻外，为了适用于更大温度范围的特殊场景（如低温和超低温场景），近年来还研制出了很多新型的热电阻传感器，如钴电阻传感器、锰电阻传感器、碳电阻传感器等。

从前面的介绍可以发现，热电偶和热电阻虽然都能够对温度进行测量，但二者还是存在一定差异的，主要表现为以下方面。

① 测温原理不同：热电偶的温度测量是基于热电效应实现的，而热电阻是利用导体或半导体的电阻值会随着温度的变化而变化的特性来实现测温功能的。

② 测温材料不同：热电偶采用的是双金属材料，即使用两种不同的金属材料，随着温度的变化，会在两个热电极间产生电势差；热电阻采用的是同一种对温度变化较为敏感的金属材料。

③ 测温信号不同：虽然两者制成的传感器都属于接触式测温仪表，但是它们产生的测量信号类型是不同的。热电阻本身就是一种电阻材料，其温度的变化会使电阻值产生正向或者负向的变化；热电偶是基于热电效应，即感应电压值随温度的变化而变化，可通过测量电压计算温度值。

3. 热敏电阻传感器

热敏电阻传感器利用的电阻材料是半导体材料制成的电阻，其阻值可以随温度的变化而变化。金属材质导体的电阻值通常会随着温度的升高而增大；但是由半导体材质制成的热敏电阻，电阻值会随着温度的升高而急剧减小且呈现非线性特性。

热敏电阻的种类很多，分类的方法也不同，若按照半导体热敏电阻的材料划分，一般可以分为半导体类、金属类和合金类；若按热敏电阻的阻值与温度关系这一重要特性划分，可分为正温度系数（PTC）电阻、负温度系数（NTC）电阻和临界温度系数（CTR）电阻三大类。

PTC 热敏电阻是一种在某一温度下电阻值会急剧增加，具有正温度系数的温度传感器，可以专门用于恒定温度传感器，通常由掺杂 $BaTiO_3$ 的半导体陶瓷制成。NTC 热敏电阻是指随温度上升电阻呈指数关系减小，具有负温度系数的热敏电阻材料，主要由一些过渡金属氧化物半导体陶瓷制成。CTR 热敏电阻具有负电阻突变特性，阻值在某个特定温度范围内随温度的升高而急剧减小，同时具有很大的负温度系数，主要是钢、钡、银、磷等元素氧化物的混合体。

1) 热敏电阻特性

热敏电阻在不同阻值下的电阻—温度特性是不同的，在常温下阻值很高，但随着温度的升高阻值会出现不同的变化，且具有非常明显的非线性特性。大部分热敏电阻都是负温度系数热敏电阻。如图 2-1 所示，PTC 热敏电阻的阻值会随着温度的升高而增大，并且存在斜率最大的特殊区域，当温度超过某一数值时，电阻值会朝着正的方向快速变化；NTC 热敏电阻具有很高的负电阻温度系数，适用于测量 -100～300 ℃范围内的温度；CTR 热敏电阻同样具有负温度系数，但是在某个温度范围内电阻值会急剧下降，这个范围内的曲线斜率较大，灵敏度极高，因此比较适合作为温度开关使用。

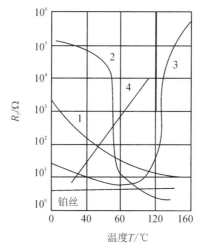

（1—NTC；2—CTR；3、4—PTC）

图 2-1　热敏电阻的电阻—温度特性曲线

2）热敏电阻基本参数

• 标称电阻（R_c）：一般指热敏电阻在$(25\pm0.20)℃$的环境温度下采用规定范围内的功率测得的实际阻值。

• 材料常数：是用来反映热敏电阻材料物理特性的参数，也是热灵敏度的重要技术指标，数值越大表示热敏电阻器的灵敏度和电阻率越高。

• 电阻温度系数（单位为%/℃）：表示热敏电阻在温度变化1℃时，电阻值的变化率。

• 最高工作温度（T_{max}）：表示热敏电阻在规定技术条件下长期连续工作所允许的最高温度。

• 转变点温度（T_c）：表示热敏电阻器的电阻—温度特性曲线上的拐点温度，在 PTC 和 CTR 热敏电阻中会有标注。

• 额定功率（PE）：热敏电阻器在规定的条件下，长期连续负荷工作所允许的消耗功率。工作在这个功率下，电阻器自身温度也不应超过 T_{max}。

• 测量功率（P_c）：热敏电阻器在规定的环境温度下，由于受到测量电流的加热而引起的电阻值变化率不超过 0.1% 时所消耗的功率。

• 零功率电阻值（R_T）：指在规定温度 T 下，采用引起电阻值变化（该变化相对于总的测量值误差可以忽略不计）的测量功率下测得的电阻值。

• 耗散系数（δ）：指在规定环境温度下电阻中耗散功率的变化与受其影响的相应温度变化之比。

2.1.2　温度传感器应用

前面一节介绍了比较典型的三种不同类型温度传感器的电阻材料效应，本节将以温度传感器中的热敏电阻传感器为例，列举温度传感器的常见应用。热敏电阻传感器是一种原理简单、灵敏度高、便于携带的测温仪器，被广泛地应用于仪器仪表、电子设备、家用电器、医疗卫生等领域，发挥着重要的作用。

（1）温度测量。

热敏电阻传感器最基础的功能就是对温度的测量，作为测温应用的热敏电阻传感器，其结构较简单、价格低廉。外面没有保护层的热敏电阻一般只能在较为干燥的场景使用，而经过密封处理的热敏电阻具有抗腐蚀性和耐湿性，可以在一些较为恶劣的环境使用，而且测量的效果和精度不会受到环境等外界因素的影响。当需要利用热敏电阻传感器进行远距离测温任务时，由于传感器中热敏电阻阻值一般较大，外部连接导线的电阻和接触电阻可以忽略不计。

（2）温度补偿。

热敏电阻的高精度和高灵敏度特性使得其得到了广泛的应用，但是其阻值—温度的非线性属性，却无形中增加了对采集的温度信号的处理难度。通常为了满足测量精度的要求，保障实际的应用效果，热敏电阻传感器在设计中需要考虑在一定的温度范围内实现对某些元器件的温度补偿。例如，动圈式仪表表头中的动圈一般是由铜线绕制而成的，电阻会随着温度的升高而变大，进而产生一定程度的温度误差，影响了测量的精确性。这种情况下就可以采用温度补偿电路的方式进行补偿，比如可以在动圈的回路中先将负温度系数热敏电阻与锰铜丝电阻并联，再与被补偿元器件串联，这样就可以消除由电阻件带来的温度误差。

（3）过热保护。

在日常生产实践中，机械或电气原因可能会导致设备温度过高，甚至出现烧毁的情况。温度保护热敏电阻能够敏感地捕捉设备的温度变化，通常可以作为监测装置，在一些设备的功能管理中发挥非常关键的作用。过热保护的方式一般可以分为直接和间接两种，热敏电阻传感器可以通过直接串联接入负载，针对小电流应用场合，保护器件，避免过热损坏；针对大电流场合，可以用作对继电器、晶体管等电子器件进行保护的元件。热敏电阻在使用时需要与被保护器件紧密结合在一起，保证二者可以进行充分的热交换。例如，假设在电动机的定子绕组中嵌入突变型热敏电阻传感器，同时与继电器相串联，那么当电动机过载时，定子电流的增大就会引起发热情况，当温度大于传感器设定的突变点时，电路中的电流可以由十分之几毫安突变为几十毫安，进而触发继电器动作，以此实现过热保护效果。

（4）液面测量。

热敏电阻传感器除了应用于传统的测温环节，还可以实现对液面的测量。比如，向NTC热敏电阻传感器施加一定的加热电流，将使它的表面温度高于周围的空气温度，此时它的阻值较小，当液体高度高于传感器的安装高度时，液体将带走传感器的热量，使传感器温度下降、阻值升高，所以根据阻值的变化就可以知道液面的高度位置，汽车油箱中的油位报警传感器就是利用以上原理制作的。

2.2　压电式传感器

压电式传感器是一种基于压电效应的传感器，是一种自发电式和机电转换式传感器，它的敏感元件由压电材料制成，压电材料受力后表面会产生电荷，电荷经电荷放大器、测量电路放大和阻抗变换后会转换为正比于所受外界压力的电量输出。压电式传感器具有频带宽、灵敏度高、信噪比高、结构简单、工作可靠和重量轻等优点，可以实现对各种动态力、机械冲击与振动的测量，被广泛应用于力学、声学、医学、航空航天等方面。

2.2.1　压电式传感器原理

1. 压电效应

压电效应可以分为正压电效应和逆压电效应。

（1）正压电效应。

当晶体受到某固定方向外力作用的时候，晶体内部就会产生电极化现象，同时在材料相对的表面上产生符号相反的电荷；当外力撤去后，晶体又会恢复到不带电的状态；当外力作用方向改变时，电荷的极性也会随之改变。晶体受力所产生的电荷量与外力的大小成正比。压电式传感器大多是利用正压电效应制成的。

（2）逆压电效应。

对晶体施加交变电场引起晶体机械变形的现象称为逆压电效应。压电敏感元件的变形有厚度变形、长度变形、体积变形、面切变形、剪切变形五种基本形式。压电晶体是各向异性的，所以并非所有晶体都能同时在这五种状态下产生压电效应，例如石英晶体就没有体积变形压电效应，但是它具有良好的厚度变形和长度变形压电效应。用逆压电效应制造的变送器被广泛应用于电声和超声工程。

2. 压电材料

具有压电效应的材料称为压电材料，这种材料可以实现机电能量转换，并且具有一定的可逆性，如图 2-2 所示。压电材料是压电式传感器的敏感材料，一般，比较常见的压电材料有石英晶体和压电陶瓷。

机械量 ⟺ 压电元件 ⟺ 电量

图 2-2　压电材料的可逆性

（1）石英晶体。

天然结构的石英晶体是一个正六面体，其外形如图 2-3 所示。石英晶体各个方向的特性不同，可以用三个相互垂直的轴来表示，其中纵向轴 z 称为光轴（中性轴），经过六面体棱线并垂直于光轴的 x 轴称为电轴，与 x 和 z 轴同时垂直的 y 轴称为机械轴。通常把沿电轴 x 方向的力作用下产生电荷的压电效应称为纵向压电效应，把沿机械轴 y 方向的力作用下产生电荷的压电效应称为横向压电效应，而沿光轴 z 方向的力不产生压电效应。

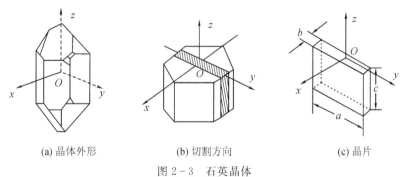

(a) 晶体外形　　　　　　　(b) 切割方向　　　　　　　(c) 晶片

图 2-3　石英晶体

石英晶体的压电特性与其内部分子结构有关，硅离子和氧离子构成了一个单元组体的石英晶体，当石英晶体未受外力作用时，正、负离子正好分布在正六边形的顶角上，形成三个互成 $120°$ 夹角的电偶极矩 P_1、P_2、P_3，如图 2-4(a) 所示。此时正负电荷重心重合，电偶极矩的矢量和等于零，即 $P_1 + P_2 + P_3 = 0$，所以晶体表面不产生电荷，呈中性。

当石英晶体受到沿 x 轴方向的压力的作用时，晶体沿 x 方向将产生压缩变形，正负离子的相对位置也会随之变动，如图 2-4(b) 所示，此时正负电荷重心不再重合，电偶极矩在 x 方向上的分量由于 P_1 的减小和 P_2、P_3 的增加而不等于零，在 x 轴的正方向出现负电荷，而电偶极矩在 y 方向上的分量仍然为零。

当晶体受到沿 y 轴方向的压力作用时，晶体的变形如图 2-4(c) 所示，P_1 增大，P_2、P_3 减小，在 x 轴的正方向会出现正电荷，而在 y 轴方向上仍不出现电荷。

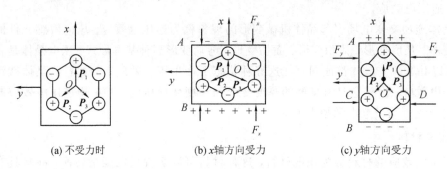

(a) 不受力时　　　　　　　(b) x轴方向受力　　　　　　(c) y轴方向受力

图 2-4　石英晶体压电模型

如果沿 z 轴方向施加作用力，因为晶体在 x 方向和 y 方向所产生的形变完全相同，所以正负电荷重心保持重合，电偶极矩矢量和等于零，晶体不会产生压电效应。

（2）压电陶瓷。

压电陶瓷是人工制造的多晶体压电材料，材料内部的晶粒有许多自发极化取向一致的微小区域，即电畴，它有一定的极化方向，从而使晶体存在电场。在无外电场作用时，电畴在晶体中杂乱分布，各电畴的极化效应相互抵消，压电陶瓷内部的极化强度为零，所以原始的压电陶瓷呈中性，不具有压电性质，如图 2-5(a) 所示；当施加一定的外电场后，电畴的极化方向发生转动，并且趋向于沿外电场方向排列，完成材料极化，使压电陶瓷具有压电效应；在外电场强度大到使极化达到饱和程度时，所有的电畴极化方向都会与外电场方向一致，如图 2-5(b) 所示；在去掉外电场后，电畴的极化方向仍保持不变，即剩余极化强度很大，这时的材料才具有压电特性，如图 2-5(c) 所示。

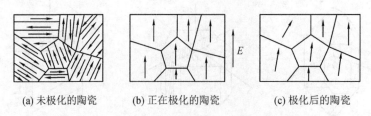

(a) 未极化的陶瓷　　　　　(b) 正在极化的陶瓷　　　　　(c) 极化后的陶瓷

图 2-5　压电陶瓷的极化

前面也提到过,压电式传感器中的压电元件,按其受力和变形方式的不同,可以分为厚度变形、长度变形、体积变形、面切变形和剪切变形五种形式,如图 2 - 6 所示。目前最常使用的是厚度变形的压缩式和剪切变形的剪切式两种。

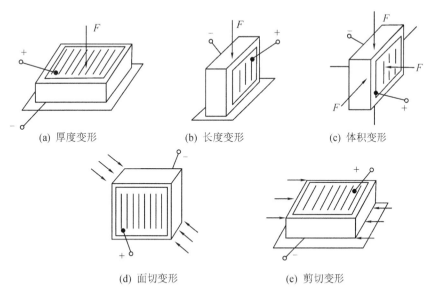

(a) 厚度变形   (b) 长度变形   (c) 体积变形

(d) 面切变形   (e) 剪切变形

图 2 - 6 压电元件变形方式

压电陶瓷的压电系数比石英晶体大得多,所以采用压电陶瓷制作的压电式传感器的灵敏度较高。极化处理后的压电陶瓷材料剩余极化强度和特性与温度有关,参数也会随时间发生变化,从而其压电特性不断减弱。

压电材料的主要特性参数包括压电系数、机械性能、电性能、机械耦合系数、居里点温度和时间稳定性。其中,压电系数是用来衡量材料压电效应强弱的参数,它直接关系到压电输出的灵敏度;机械性能是用来评判力敏元件机械强度和刚度的指标,压电材料应具备较高的机械性能以获得较宽的线性范围和较大的固有频率;电性能(如介电常数、电阻率、固有电容等)是影响压电传感器电信号属性的关键因素,良好的压电材料通常应具有较大的介电常数和较高的电阻率,除此之外,对于一定形状、尺寸的压电元件,其固有电容与介电常数具有相关性,而固有电容又会影响着压电传感器的频率下限;机械耦合系数是衡量压电材料机电能量转换效率的一个重要参数,可以表示为转换输出能量与输入能量之比的平方根;居里点温度是指压电材料开始丧失压电特性时的温度;时间稳定性是指压电特性不随时间发生变化的属性。

3. 压电式传感器测量电路

1) 压电式传感器等效电路

压电元件可以看作以压电材料为介质的电容器,在外力作用下,压电晶片的两个表面会产生大小相等、方向相反的电荷,聚集正负电荷的两个晶片表面就相当于电容器的两个极板,极板间的物质等效于一种介质,那么压电元件的电容量可以表示为式(2 - 4)的形式:

$$C_a = \frac{\varepsilon_r \varepsilon_0 A}{d} \qquad\qquad (2-4)$$

上式中，A 表示压电晶片的面积，d 表示压电晶片的厚度，ε_r 为压电材料的相对介电常数，ε_0 为真空的介电常数。在使用压电式传感器进行电性能测量时，可以将其等效为一个与电容 C_a 相串联的电压源模型（如图 2-7(a)所示），电压源的电压表示为 U_a，电荷量表示为 q，三者的关系可以表示为式(2-5)：

$$U_a = \frac{q}{C_a} \qquad\qquad (2-5)$$

当压电式传感器被等效为一个与电容 C_a 相并联的电荷源时，等效电路模型如图 2-7(b)所示。

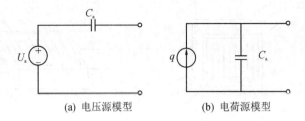

(a) 电压源模型　　　　　　　(b) 电荷源模型

图 2-7　压电式传感器的等效电路

当压电式传感器与测量仪器相连，或者接入测量电路后，还需要考虑测量电路的输入电容 C_i、输入电阻 R_i、连接电缆的等效寄生电容 C_c、压电传感器自泄漏电阻 R_a，实际的等效电路如图 2-8 所示。

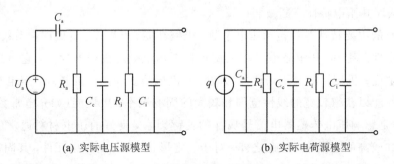

(a) 实际电压源模型　　　　　　　(b) 实际电荷源模型

图 2-8　压电传感器实际等效电路

2) 压电式传感器测量电路

压电式传感器的自身内阻抗大、输出阻抗高、输出信号小，所以对测量电路的要求很高，通常需要在传感器的输出端接入一个高输入阻抗的前置放大器，经过阻抗变换后送入普通的放大器进行放大、滤波等处理。前置放大器可以把传感器的高输出阻抗变换为低输出阻抗，并放大传感器输出的微弱信号。

针对压电式传感器的两种等效模型，前置放大器也有电压放大器和电荷放大器两种形式。从图 2-8 的等效电路可以看出，如果使用电压放大器形式，那么其输出电压 U_i 与电容 $C(C = C_a + C_i + C_c)$ 密切相关。虽然 C_a 和 C_i 都很小，但 C_c 会随着连接电缆的长度与形状变化而变化，从而给测量带来不稳定因素，影响传感器的灵敏度。因此，目前较多采用性能更为稳定的电荷放大器进行信号的放大。

电荷放大器是由一个带有反馈电容 C_r 的高增益运算放大器组成的，由于传感器的漏电阻和电荷放大器的输入电阻很大，而运算放大器输入阻抗又极高，在其输入端几乎没有分流，在测量计算中这部分的影响可以忽略不计。压电式传感器与电荷放大器组成的检测电路的等效电路如图 2-9 所示。

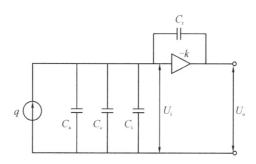

图 2-9　压电式传感器和电荷放大器组成的检测电路的等效电路

可以利用式(2-6)计算出电荷 q。

$$q \approx U_i(C_a + C_i + C_c) + (U_i - U_o)C_r \tag{2-6}$$

根据运算放大器的基本特性(表示为式(2-7))：

$$U_o = -kU_i \tag{2-7}$$

可以由式(2-8)进一步求得电荷放大器的输出电压：

$$U_o = \frac{-kq}{C_a + C_i + C_c + (1+k)C_r} \tag{2-8}$$

其中，$k = 10^4 \sim 10^8$，当满足 $(1+k)C_r \gg (C_a + C_i + C_c)$ 时，式(2-8)可简化为式(2-9)：

$$U_o \approx -\frac{q}{C_r} \tag{2-9}$$

由此可知，电荷放大器的最大特点就是在一定条件下，其输出电压仅与输入电荷、反馈电容相关，因此反馈电容的温度和时间稳定性决定着传感器的测量精度。在实际测量电路中，反馈电容的容量一般是可选择的，范围为 $10^2 \sim 10^4$ pF。

2.2.2　压电式传感器应用

根据实际测量需求的不同，在相同工作原理的指导下，压电式传感器的结构形式也是多种多样的，而不同结构形式的压电式传感器可应用于不同的场景，如测量单向力、速度、形变力、振动波等。

(1) 压电式压力传感器。

图 2-10 为一种比较典型的压电式压力传感器——压电式单向测力传感器结构图，这种传感器主要由石英晶片、绝缘套、电极、上盖及机座组成。传感器上盖为传力元件，当有外力作用时，它将产生弹性变形，并将力传递到石英晶片上，石英晶片采用 xy 切型，可以利用其纵向压电效应实现力-电转换。这种传感器的测力范围为 0~50 N，最小分辨率可以达到 0.01 N，固有频率通常在 50~60 kHz 范围内。

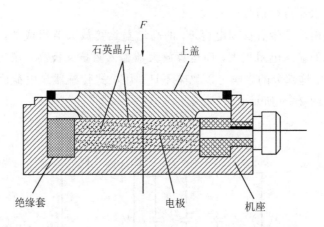

图 2-10　压力式单向测力传感器结构图

（2）压电式加速度传感器。

图 2-11 为压电式加速度传感器结构图，其主要由压电元件、质量块、预压弹簧、螺栓、机座及外壳组成。压电式加速度传感器的压电元件是压电晶体，整个部件装在外壳区域内部，拧紧螺栓，加以安装固定。

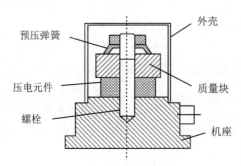

图 2-11　压电式加速度传感器结构图

压电晶体能够基于正压电效应将机械能转换为电能，用来测量振动加速度信号。当加速度传感器用来测量被测对象振动大小时，需要将其安装在合适的测试点上，这样加速度传感器就会和被测对象一起受到冲击并发生振动。压电元件受质量块惯性力的作用，根据牛顿第二定律，振动方程用公式（2-10）表示，其中 F 表示质量块产生的惯性力，m 表示质量块的质量，a 表示加速度。

$$F = ma \tag{2-10}$$

如果有惯性力 F 作用于压电元件上，则当传感器选定后，m 为常数，就可以直接计算出加速度 a 的大小。

（3）压电式雨滴传感器。

压电式雨滴传感器通常由振动板、压电元件、放大器、壳体及阻尼橡胶组成。振动板接收雨滴的冲击能量，并且按照自身固有的振动频率产生弯曲振动，同时将振动信息传递到测量元件上，实现形变—电压的转换过程。值得注意的是，当振动板出现机械形变时，在两侧的电极上会产生电压，所以当雨滴滴落在振动板上时，压电元件上就会产生电压，电压的大小与振动板上雨滴的能量成正比。放大器电路会将压电元件上产生的电压信号继续放大,再输入到刮水器放大器中进行后续联动处理。

(4) 压电式玻璃破碎报警器。

利用压电元件对振动比较敏感的特性来感知玻璃受到撞击和破碎时产生的振动波,这种类型的传感器就是压电式报警器中比较典型的一种——压电式玻璃破碎报警器。玻璃破碎时会产生几千赫兹至几十千赫兹的振动波,压电式玻璃破碎报警器的原理是,将高分子压电薄膜传感器粘贴在玻璃上,用来感受玻璃破碎时的振动信息,然后通过电缆使其和报警电路相连,实现了压电信号与报警系统对这种振动波的感知与传递。为了提高报警器的灵敏度,信号经过放大处理后,还需要经过带通滤波器进行滤波,要求该滤波器在选定的频带范围内衰减尽量小、频带范围外衰减尽量大。因为玻璃振动的波长在音频和超声波的波长范围内,所以滤波器的选择至关重要。压电式玻璃破碎报警器可广泛用于文物保管、贵重商品保管及其他商品柜台保管等场合。

2.3 光电传感器

光电传感器是将光信号转换成电信号的一种传感器,可以用于直接检测光信号的变化。我们也可以在将其他被测量的变化转换成光信号的变化后,再借助光电元件将光信号进一步转换为电信号。光电传感器结构简单、性能可靠、测量精度高、响应速度快,能实现非接触式测量,广泛应用于检测和控制领域。

2.3.1 光电传感器原理

1. 光电效应

光电效应是光电传感器实现光-电转换的基础,指的是一束光线照射到物质上时,物质的电子吸收了光子的能量而产生电效应的现象。具有光电效应的物质称为光电材料,这种材料经过光的照射后会产生电阻率变化、电子逸出、电动势变化等现象。

根据电子的逸出情况,可以将光电效应细分为外光电效应和内光电效应两类。

(1) 外光电效应。

当光线照射到光电材料上时,材料表面电子会吸收光子的能量,当光子能量达到某阈值时,电子就会挣脱束缚从物体表面逸出。此时,电子将吸收的光子能量转化为两部分,一部分用于克服正离子的束缚,另一部分转化为其自身能量。当光子能量大于逸出功约束时,电子才能够逸出光电材料表面。光电管、光电倍增管等材料就是利用外光电效应进行光电转换的。

(2) 内光电效应。

当光线照射到光电材料上时,材料内部的原子会释放出电子,与外光电效应不同的是,此时的电子将停留在材料内部但并不逸出材料表面,这就使得材料的电阻率发生变化进而产生电动势。光敏二极管、光电池等光电元件就是基于内光电效应原理制作而成的。

2. 光敏元件

根据光电效应这一基本工作原理设计出了各种光敏元件，如光电管、光电倍增管、光敏电阻、光敏二极管、光敏三极管、光电池、光电耦合器件等。下面将从结构、工作原理、参数、基本特性等方面对各种光敏元件进行重点介绍。

1) 光电管

光电管是基于外光电效应的光电转换器件，可以实现光信号与电信号的转换，如图 2-12 所示，光电管由玻璃壳、两个电极、引出插脚组成。一般可以将球形玻璃壳抽成真空的形式，在内半球面上涂上一层光电材料作为光电管的阴极，在球心放置小球形或小环形金属作为阳极。当光线照射到玻璃外壳时光电管便会发射电子，电子被吸引后朝向正电位的阳极移动，从而在光电管内形成了电子流，在外电路中产生电流。

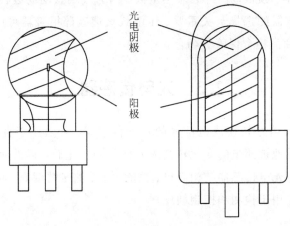

图 2-12　光电管的典型结构

光电管有真空光电管和充气光电管两种，二者的结构基本相同。相比于真空光电管，充气光电管球内填充的是低压惰性气体，经过光线照射后，光电子在向阳极移动的过程中会与气体分子碰撞，使气体发生电离现象，在光电管内形成电子流，在外电路中产生电流。

当光通量恒定时，阳极电流与阳极电压之间的关系可以用一条曲线来表示，通常称为伏安特性曲线。图 2-13(a) 为真空光电管的伏安特性曲线，图 2-13(b) 为充气光电管的伏安特性曲线，通过对比不难发现，两种光电管的曲线变化趋势存在一定的规律性。在一定阳极电压范围内，阳极电流不会随阳极电压的变化而变化，也就是说阳极电流达到了比较稳定的饱和状态。一般会在阳极电流饱和区域内选择光电管的工作参数点。

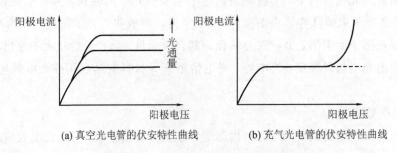

(a) 真空光电管的伏安特性曲线　　　　　(b) 充气光电管的伏安特性曲线

图 2-13　光电管的伏安特性曲线

光电管通常灵敏度较低、体积较大、易破损，比较适合用于对强光信号的检测，在使用过程中也要注意防振保护。通常，充气光电管的灵敏度较高，但其灵敏度稳定性及频率特性比真空光电管差一些。

2）光电倍增管

光电倍增管是将微弱光信号转换成电信号的真空电子器件，可以测量波长 $200 \sim 1200$ nm 的极微弱辐射功率，在光学测量仪器和光谱分析仪器中不可或缺，广泛应用于冶金、电子、机械、化工、地质、医疗、核工业、天文和宇宙空间研究等领域。

相较于光电管，光电倍增管的灵敏度很高，可以将微弱光信号转变成电信号并进行放大处理，其典型结构和工作原理如图 2-14 所示。从结构图中可以看到，光电倍增管主要由玻璃壳、光阴极 K、阳极 A、倍增极 D、引出插脚等组成，需要根据要求选用指定性能的玻璃壳进行真空封装。根据封装方式的不同，光电倍增管可以分为端窗式和侧窗式两种，端窗式如图 2-14(a)所示，可以通过管壳的端面接受入射光，阴极通常为透射式阴极；侧窗式光电倍增管的工作原理如图 2-14(b)所示，可以通过管壳的侧面接收入射光，阴极通常为反射式阴极。

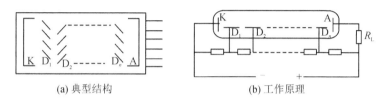

(a) 典型结构   (b) 工作原理

图 2-14 光电倍增管的典型结构和工作原理

光阴极 K 接入负高压，直流高压电源经过分压电阻分压后作为各倍增极 D 的加速电压，灵敏检流计或负载电阻连接到阳极 A 处。当光线照射到光阴极 K 且光子能量大于光阴极材料电子的逸出功时，电子就会从阴极表面逸出而成为光电子。在光阴极 K 和倍增极 D_n 之间的电场作用下，光电子被加速后轰击第一倍增极 D_1 产生二次电子，之后每一个受到轰击的倍增极产生的电子均可轰击下一个倍增极产生 $3 \sim 5$ 个二次电子。以此类推，D_1 产生的二次电子被 D_2 和 D_n 之间的电场加速后轰击 D_2，不断重复这个过程直至最后一级倍增极 D_n，这一过程使得电子数目不断扩大，最终阳极 A 收集的电子数目是初始发射光电子数的 14 倍以上。电子数量越多，光电倍增管的灵敏度越高，而且由于其低噪声特点，同样适用于对红外、可见光和紫外波段的微弱光信号的检测，在核物理及频谱分析中的应用十分普遍。

图 2-15 是光电倍增管的测量原理图，从图中可以看到，聚光系统将标准光源发出的光聚焦在单色仪的入射狭缝 S_1 上，光通过单色仪的色散作用在出射狭缝 S_2 处形成单色光，再经过光电倍增管的放大作用，在阳极上就形成可以由数字电压表直接读出的电信号。

光电倍增管的主要参数有暗电流、光谱响应率等。暗电流是指在接入工作电压后，尽管没有光线照射光电倍增管，但此时阳极仍有的一个很小的电流输出。而光电倍增管在工作时，暗电流和信号电流两部分共同组成阳极的输出电流。信号电流较大时，暗电流对输出的影响可以忽略不计；但当光信号非常弱时，暗电流将严重影响光信号测量的准确性。暗电流的大小决定着光电倍增管可测量光信号的下限值，是决定光电倍增管质量的关键参

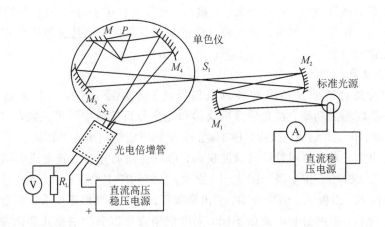

图 2-15 光电倍增管的测量原理图

数。另外，可以采用光谱响应率来表示不同波长的入射光对光电倍增管的响应能力。在给定波长光信号的单位辐射功率照射下，所产生的阳极电流大小被称为光电倍增管的绝对光谱响应率 $S(\lambda)$，可由公式（2-11）表示。

$$S(\lambda) = \frac{I(\lambda)}{P(\lambda)} \qquad (2-11)$$

其中，$P(\lambda)$ 为入射到光阴极上的单色辐射功率，$I(\lambda)$ 表示在该辐射功率照射下所产生的阳极电流。

3) 光敏电阻

光敏电阻的外形及结构如图 2-16 所示。光敏电阻是基于内光电效应制成的半导体材料光电器件，由一块两边带有金属电极的光电半导体组成。电极和半导体之间组成欧姆接触，可以看做电阻器件，利用电阻与电流之间的关系，光敏电阻工作于直流或交流电压条件下。光线照射到光敏电阻感光区域时，光敏材料可以吸收光能，若光子能量大于该半导体材料的禁带宽度，则价带中的电子吸收光子能量后就会跃迁到导带，成为自由电子，同时产生空穴，电子-空穴对使光敏材料的电阻率变小，电路中的电流变大。光照强度越强，阻值越小，电流越大；光照停止后，自由电子被失去电子的原子俘获，光敏电阻逐渐恢复到高阻状态，电路的电流变得十分微弱。下面介绍光敏电阻的主要特性。

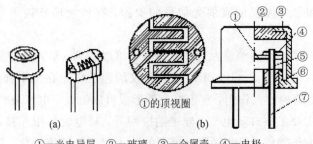

①—光电导层；②—玻璃；③—金属壳；④—电极；
⑤—绝缘衬底；⑥—黑色绝缘玻璃；⑦—引线；

图 2-16 光敏电阻的外形及结构

① 伏安特性。在一定光照强度下，加在光敏电阻两端的电压与电流之间的关系称为伏安特性。在给定的电压条件下，光照度越大，光电流也会越大，而且无饱和现象，但是这个电压也不能无限地增大，因为任何光敏电阻还会受到额定功率、最高工作电压和额定电流的限制，若超过最高工作电压和最大额定电流，可能会导致光敏电阻的永久性损坏。

② 光照特性。该特性指的是光敏电阻输出的电信号会随着光照强度的变化而变化的特性。从光敏电阻的光照特性曲线可以看出，随着光照强度的增加，光敏电阻的阻值开始迅速下降，若进一步增大光照强度，电阻值的变化逐渐减小，最后趋向平缓。由于光照特性的非线性，光敏电阻不适合用来进行线性测量任务，比较常见的应用是在自动控制领域作为光电开关使用。

③ 光谱特性。当光敏电阻两端施加的电压一定时，输出电流与入射光波长之间存在一定的关系，这种关系被称为光谱特性。不同材料的光敏电阻具有不同的光谱特性，并且每种光敏电阻只对特定波长的入射光具有较高的灵敏度，因此入射光的波长是光敏电阻选型的先决条件之一。

④ 时间响应特性。光线照射光敏电阻一段时间后，光电流才能达到稳态值，当光照停止后，光电流也不会立刻为零，这种现象就是光敏电阻的时间响应特性。光敏电阻的响应时间一般较长，所以它不适合用在要求快速响应的场合。

光敏电阻的主要性能指标有暗电阻与暗电流、亮电阻与亮电流、光电流、灵敏度等。

① 暗电阻与暗电流。暗电流是指光敏电阻在一定的外加电压作用下，当没有光照射的时候流过的电流。外加电压与暗电流之比称为暗电阻。

② 亮电阻与亮电流。光敏电阻在一定的外加电压作用下，当有光照射时流过的电流称为亮电流。外加电压与亮电流之比称为亮电阻。

③ 光电流。光电流是指亮电流与暗电流的差值，两者的差值越大，光电流就越大，灵敏度越高。

④ 灵敏度。灵敏度表示光敏电阻不受光照射时的电阻值（暗电阻）与受光照射时的电阻值（亮电阻）的相对变化值。

除了上述的一些特性属性外，在光照条件一定的前提下，光敏电阻的阻值、灵敏度或光电流还会受到温度的影响，通常由温度系数来表示影响程度。不同材料的光敏电阻，温度系数也不同，通常情况下随着温度的升高，暗电阻和灵敏度都会下降，在使用中应适当考虑降温措施。光敏电阻本身具有灵敏度高、可靠性好、精度高、体积小、性能稳定、价格低廉等优点，已经被广泛应用于光探测和光自控领域。

4）光敏二极管和光敏三极管

如图 2-17 所示，光敏二极管的结构与一般的二极管相似，工作时需要外加反向工作电压。当没有光照射时，反向电阻很大，反向电流很小，此时光敏二极管处于截止状态；当有光照射时，在 PN 结附近会产生光电子-空穴对，形成由 N 区指向 P 区的光电流，此时光敏二极管处于导通状态。入射光的强度影响光电子-空穴对的浓度，进而影响光敏二极管的电流值，基于上述原理就实现了光信号转变为电信号输出的过程。

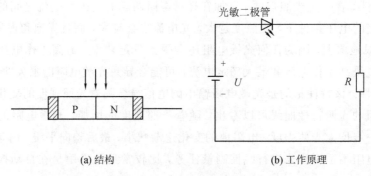

(a) 结构　　　　　　　　　　(b) 工作原理

图 2 - 17　光敏二极管的结构和工作原理

　　光敏三极管的结构和工作原理与光敏二极管类似，可以分为 NPN 和 PNP 型两种，但是在结构上都具有两个 PN 结。如图 2 - 18 所示，当光照射在三极管基极-集电极上时，集电极附近会产生光电子-空穴对，形成基极光电流。而集电极电流是基极光电流的 β 倍，这是由于光敏三极管对基极光电流起到放大的作用，其灵敏度较光敏二极管更高。

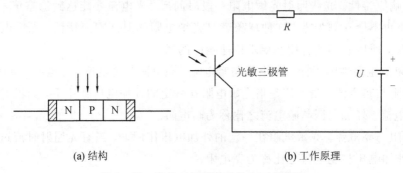

(a) 结构　　　　　　　　　　(b) 工作原理

图 2 - 18　光敏三极管的结构和工作原理

　　光敏二极管和光敏三极管的伏安特性曲线如图 2 - 19 所示，在零偏置电压时，光敏二极管存在光电流的输出，而光敏三极管的光电流输出为 0。光敏二极管的光电流大小主要取决于光照强度，而光敏三极管的偏置电压对光电流的影响较大。

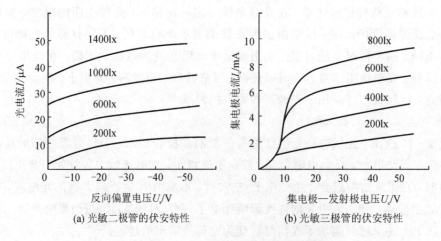

(a) 光敏二极管的伏安特性　　　　　(b) 光敏三极管的伏安特性

图 2 - 19　光敏二极管和光敏三极管的伏安特性曲线

　　光敏二极管和光敏三极管的光照特性如图 2 - 20 所示，从图中可以发现，光敏二极管的光照特性曲线线性度要优于光敏三极管，但是由于光敏三极管具有电流放大作用，其光电流比光敏二极管要大，而信噪比小于光敏二极管。

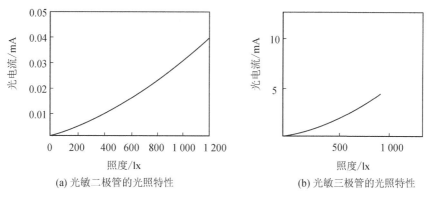

(a) 光敏二极管的光照特性　　　　　　　(b) 光敏三极管的光照特性

图 2 - 20　光敏二极管和光敏三极管的光照特性

　　光敏二极管和光敏三极管的主要性能指标有暗电阻、光电流、短路电流等。对光敏二极管和光敏三极管来说，暗电流表示在没有光照时的反向电流或漏电流，暗电流的大小决定了低照度时的测量界限。光电流是指在受到一定的光照及最高工作电压条件下流过二极管、三极管的反向电流。短路电流在光敏二极管中经常涉及，指的是 PN 结两端短路时流过的电流值，其大小与光照度成比例。另外，暗电流及光电流还与温度相关，温度变化对暗电流大小的影响较大，但对光电流的影响较小。

2.3.2　光电传感器应用

　　光电传感器的应用非常广泛，按其输出量属性通常可以归于两大类，本节将根据这两种光电传感器的输出量属性，讨论几种比较典型的应用。

　　1）输出为连续变化光电流的光电传感器

　　经过光电传感器测量系统，被测量被转化为连续变化的光电流，输出与输入之间呈现单值对应关系，如图 2 - 21 所示，测量时通常有如下四种应用方式。

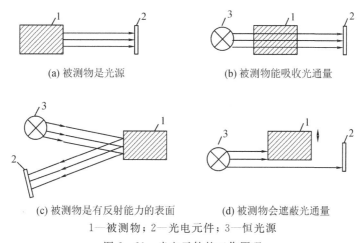

(a) 被测物是光源　　　　　　　　　　(b) 被测物能吸收光通量

(c) 被测物是有反射能力的表面　　　(d) 被测物会遮蔽光通量

1—被测物；2—光电元件；3—恒光源

图 2 - 21　光电元件的工作原理

① 测量光源。被测物本身作为光源，其发出的光通量可以直接照射在光电元件上，多用于光电比色高温计中，其光通量和光谱的强度分布与被测温度呈函数关系。

② 测量物质的透明度。采用白炽灯（或其他任何光源）作为恒光源，发出的光通量穿过被测物被部分吸收后最终到达光电元件，多用于测量液体、气体的透明度、浑浊度的光电比色计中。

③ 测量表面光洁度。恒光源发出的光通量到达被测物，经过被测物表面反射后投射到光电元件上，多用于测量物体表面光洁度、粗糙度，被测物体表面的性质或状态取决于表面反射条件。

④ 测量物体遮蔽情况。恒光源发出的光通量一部分被被测物挡住，从而改变了照射到光电元件上的光通量，多用于测量尺寸或振动情况。

2）输出为断续变化光电流的光电传感器

经过光电传感器测量系统，被测量信息被转化为断续变化的光电流，系统输出开关量的电信号，大多用在转速检测装置中，如光电耦合器、光电转速计、光电开关等。

（1）光电耦合器。

光电耦合器包括发光器件和光电转换器件，二者同时被封装在一个外壳内，彼此之间用透明绝缘体隔离，是一种以光为媒介传输电信号、实现电-光-电相互转换的元器件。

光电耦合器的结构分为金属密封型和塑料密封型两种，如图 2-22 所示。图 2-22(a) 表示的是金属密封型结构，由金属外壳和绝缘玻璃两部分对接组成，采用环焊的方式将发光二极管和光敏三极管对准，以保证器件的灵敏度。图 2-22(b) 表示的是塑料密封型结构，采用双立直插式塑料封装的结构，管心首先安装于管脚上，中间再用具有集光作用的透明树脂固定，以进一步提高器件的灵敏度。

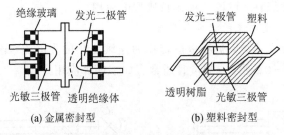

(a) 金属密封型　　　　(b) 塑料密封型

图 2-22　光电耦合器结构图

光电耦合器中的发光元件一般采用砷化镓发光二极管，管芯由一个 PN 结组成，具有单向导电特性。光电耦合器存在四种不同的组合形式，用以满足不同的应用需求：普通形式的光电耦合器结构简单、价格低廉，一般用于工作频率低于 50 kHz 的场景；高速光电耦合器采用高速开关管，可以适应高频率的工作环境；采用放大三极管实现高传输效率的光电耦合器能够实现直接驱动功能，更适合频率较低的工作场合。结合前面两种光电耦合器的优势，可以采用固体功能器件同时实现高速高传输效率的性能要求。随着光电耦合器的集成化发展，可以选择将发光元件和光敏元件有机结合，共同放置于一个半导体基片上，所有的组装形式均以灵敏度为首要目标，进而达到发光元件与光敏元件在波长上的最佳匹配。

　　光电耦合器的特性曲线可表示为发光元件的输入与光电元件的输出之间的函数关系，如图 2 - 23 所示，I_F 和 I_C 分别代表光电耦合器的输入量和输出量，二者均为直流电流。图中器件的线性度较差，如果想要得到更为精准的测量结果，还需要通过反馈等其他技术手段对非线性失真情况进行校正。

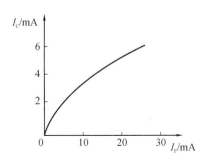

图 2 - 23　光电耦合器的特性曲线

　　（2）光电转速计。

　　光电转速计的工作原理图如图 2 - 24 所示，可以简单描述为：外部光源发射的光线经过透镜成为均匀的平行光，再经过遮光盘上的透光孔照射到光敏元件上，然后将光信号转换为电信号，旋转轴带动遮光盘每旋转一周，光敏元件上的信号强弱就会发生一次变化，光电元件即可产生一个脉冲信号，此信号经过整形放大后传递到计数器，根据计数器显示的转数，就可以间接求得遮光盘的转速。这里用到的光源一般为白炽灯，光敏元件一般选用光电二极管或光电三极管。

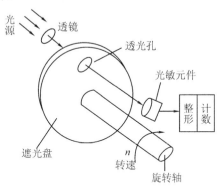

图 2 - 24　光电转速计原理图

　　（3）光电开关。

　　光电开关同样是应用光电转换原理制成的，即接收元件接收到发光元件发出的光线并完成光电转换后，经过放大装置最终输出开关控制信号。光电开关主要有透射式和反射式两种，工作原理如图 2 - 25 所示。透射式光电开关其发光元件和接收元件的光轴是重合的，若没有物体阻碍光线的传播，接收元件可以顺利收到发光元件发出的光束；当不透明的物体位于或经过两元件之间时，接收元件将无法接收光线，根据这一原理就可以达到对目标的检测。与透射式光电开关的结构不同，反射式光电开关的发光元件与接收元件的光轴在同一平面上，以某一设置的角度相交，交点设为待测点。当反射物经过待测点时，接收元件可以接收到由反射物表面反射的光线；而当待测点没有反射物时，就无法接收到光线。

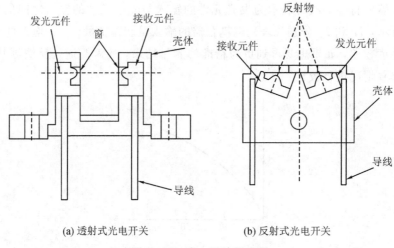

(a) 透射式光电开关　　　　　　　　(b) 反射式光电开关

图 2 - 25　光电开关原理图

2.4　红外传感器

2.4.1　红外传感器原理

红外传感系统是以红外线为介质的测量系统，一般由光学接收器、红外调制器、红外探测器、前置放大器、信号处理器、显示单元组成，如图 2 - 26 所示。工作原理说明如下：红外调制器可以将来自待测目标的辐射调制成交变的辐射光，红外探测器探测感知经过调制处理后的部分红外辐射信号，信号处理器从经过探测并放大、滤波处理后的信号中提取有效信息，最后送入到显示单元进行展示。

图 2 - 26　红外传感系统组成框图

红外光是肉眼看不到的，其波长范围为 760 nm～1 mm，技术上把红外线所占据的波段又细分为近、中、远和极远红外四个部分。辐射的红外线强弱与物体的温度直接相关，温度越高，辐射的红外线越多，红外辐射的能量就越强。红外探测器通常分为热型和光子型两种，二者工作原理有所差异，下面将分别进行介绍。

（1）热红外探测器。

热红外探测器的工作原理是，红外辐射通过红外物镜后，照射到探测器敏感材料上，引起此敏感材料的某些可测物理量的变化，通过计算物理参数的变化，计算探测器所吸收的红外辐射量。热红外探测器响应波段宽，响应范围可扩展到整个红外区域，适合于室温环境下的测量工作。热释电红外探测器由于探测率最高、频率响应最宽而备受青睐，它由自发极化方向能被外电场改变的晶体——铁电体制作而成。由于温度的变化会引起铁电体的极化现象，红外辐射照射在已被极化的铁电体薄片表面时，会引起薄片温度升高，使得极化强度降低，表面电荷减少，如果将负载电阻与铁电体薄片相连，就会在负载电阻上产生电信号的输出。

(2) 光子红外探测器。

利用入射红外辐射的光子流与探测器材料中电子的相互作用，改变电子的能量状态，引起测量材料电子性质变化的现象称为光子效应。基于光子效应制成的红外探测器称为光子红外探测器，其响应正比于吸收的光子数。按照工作原理的不同，可以将光子红外探测器分为内光电红外探测器和外光电红外探测器两种，其包含的换能过程有光生伏特效应、光电导效应、光电磁效应等。通过测量材料电子性质的变化，就可以知道红外辐射的强弱。与热红外探测器不同的是，光子红外探测器灵敏度高、响应速度快，具有较高的响应频率，但是其探测波段较窄，一般应用于低温的工作环境中。

2.4.2　红外传感器应用

自 19 世纪初英国科学家赫歇尔发现红外线以来，随着科学技术的不断发展，各国学者对红外光学的研究已经非常深入，红外技术也在逐步进入各个应用领域并发挥重要的作用。

(1) 红外测距传感器。

红外测距传感器是利用红外信号距障碍物距离不同，反射强度也不同的原理制作的，可以用来进行障碍物距离的测量。红外测距传感器具有一对红外信号发射与接收二极管，发射管发射特定频率的红外信号，接收管接收这种频率的红外信号。当红外信号的检测方向遇到障碍物遮挡时，红外信号被反射后再被接收管接收，接收到的反射信号经过预处理操作后传递到中央处理单元，进而实现利用红外信号的返回信号来识别周围环境状态的目的。

(2) 红外测温仪。

红外测温仪由光学系统、红外探测器、信号放大器及信号处理、显示输出等部分组成。其工作原理图如图 2-27 所示，光学系统汇集视场的目标红外辐射能量，视场的大小由测温仪的光学零件及位置决定。被测物体辐射的红外光首先进入测温仪的光学系统，然后得到由光学系统汇聚射入的红外线，使能量更加集中；聚集后的红外线输入到红外探测器中，探测器的关键部件是红外线传感器，它的任务是把光信号转化为电信号；从红外探测器输出的电信号经过放大器和信号处理电路转变为被测目标的温度值。

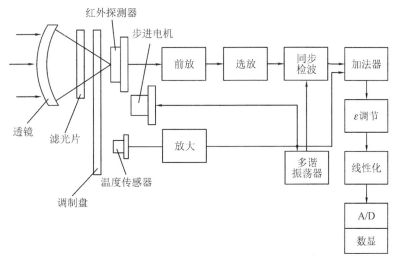

图 2-27　红外测温仪工作原理图

（3）红外气体分析仪。

红外气体分析仪是基于某些气体对红外线的选择性吸收原理设计制作的。工业用红外气体分析仪由红外线辐射光源、气室、红外探测器及电子电路等部分组成，如图 2 - 28 所示。工作原理说明如下：光源是由镍铬丝通电加热产生的 $3\sim10\ \mu m$ 的红外线，切光片将连续的红外线调制成便于红外探测器检测的脉冲状红外线，将待分析的气体和不吸收红外线的气体分别导入测量室和参比室。红外探测器是薄膜电容型，若对其充以被测气体，当它吸收了红外辐射能量后，气体温度升高，将导致室内压力增大，而参比室中的气体不吸收红外线，这样两个气室的红外线就会产生能量差异，使两气室压力不同，探测器薄膜将偏向定片方向，薄膜电容两电极间的距离就会改变，进而使得电容大小发生变化，电容的变化量就反映了被测气体的浓度。

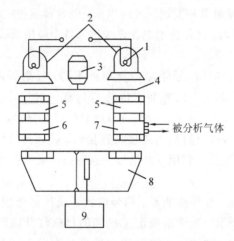

1—光源；2—抛物体反射镜；3—同步电动机；4—切光片；5—滤波气室；
6—参比室；7—测量室；8—红外探测器；9—放大器
图 2 - 28　红外气体分析仪结构原理图

（4）红外无损检测。

利用声、光、磁、电等特性，在不损害或不影响被测对象使用性能的前提下，检测被测对象中是否存在缺陷或不均匀性，同时给出缺陷的大小、位置、性质和数量等信息，从而判定被测对象所处技术状态（如合格与否、剩余寿命等）的所有技术手段统称为无损检测。

红外无损检测是根据红外辐射的基本原理，使用红外辐射分析的方法对物体内部的能量流动情况进行测量，再使用红外热像仪显示检测结果的检测过程。红外无损检测是非接触式检测的一种，可以完成大范围、宽视野的测量任务，单次检测面积大、检测效率高、成本低，非常适合用于高层建筑外部装饰物的质量检测、窑炉内衬耐火材料的缺陷检测或者屋面、墙面的漏水检测等。

（5）医用红外热像仪。

人体是一个天然的生物发热体，由于解剖结构、组织代谢、血液循环及神经状态的不同，机体各部位温度也不同，这就形成了不同的热场。红外热像仪可以通过光学电子系统聚集人体辐射的远红外光波，经过滤波、调制、光电转换、模数转换处理，将光信号转换为更加便于测量的电信号，最后利用多媒体图像处理技术，以伪彩色热图的形式显示人体的温度场。

　　医用红外热像仪是医学技术、红外摄像技术、计算机多媒体技术有机结合的产物,是一种记录人体热场的影像装置,可以利用计算机来处理人体辐射出的远红外线信号,得到更为直观的温度彩色图谱。人类正常的机体状态和异常的机体状态会产生不同的热场分布,医学诊断通过比较参考二者的异同,并结合临床症状,推论疾病的性质和程度。

2.5　气体传感器

2.5.1　气体传感器类型

　　气体传感器是化学传感器的一大门类,主要由传导系统和转换系统两部分组成,其分类体系纷繁庞杂,根据化学原理、所用材料、制造工艺、检测对象、应用领域,可以设定独立的分类标准,下面将介绍比较常见的几种传感器。不过,值得注意的是,在此依照的划分标准并不统一。

1. 气体传感器分类

下面根据化学原理可将气体传感器分为以下几种。

(1) 半导体气体传感器。

半导体气体传感器是基于气体在半导体表面的氧化还原反应会导致敏感元件阻值发生变化的原理而制成的。当半导体器件被加热到稳定状态,气体接触到半导体表面而被吸附时,被吸附的分子首先会在半导体表面自由扩散从而失去运动能量,然后一部分分子被蒸发掉,另一部分残留分子因产生热分解而固定在吸附处。当吸附分子的亲和力(气体的吸附和渗透特性)足够大时,吸附分子将从器件夺得电子从而变成负离子,使得半导体表面出现电荷层。半导体气体传感器可以划分为电阻型和非电阻型两类,电阻型传感器又可以细分为表面控制型和体控制型,而非电阻型传感器一般属于表面控制型。半导体气体传感器的工作环境相对恶劣,所以对气体元件的要求比较严格,比如要求其能长期稳定工作、重复性好、响应速度快、共存物质产生的影响小等。

(2) 电化学式气体传感器。

电化学式气体传感器是基于电化学原理制作而成的,两电极系统是这类传感器中最为简单的结构形式,传感器的两个电极由一个薄层电解液阻隔,经由一个很小的电阻与外部电路相连。当气体扩散进入传感器后,在敏感电极表面会因为氧化或还原反应产生电流,通过外电路的连接使电流流经两个电极。电流的大小与气体的浓度相关,可以通过外电路的负荷电阻予以测量。

电化学式气体传感器大部分以水溶液为电解质,电解质的蒸发或污染会导致传感器信号的下降,以及缩短传感器的使用寿命。空气中存在的被测物质会消耗传感器中的有效成分,所以传感器一旦被启封,即使没有用于测量,其使用寿命也在缩短。

(3) 红外吸收式气体传感器。

吸收峰是指气体吸收的红外光能量所处的特定波段,气体分子对红外光具有特定的吸收峰,它不受其他气体吸收峰的干扰,吸收的能量与气体在红外光区的浓度有关。大部分非对称的双原子分子和多原子分子,在红外区都对应有吸收红外光的最强频率,这一频率也可称为该气体的特征吸收频率。红外吸收式气体传感器的原理是，当红外光通过待测气体时，特征频率谱光线被气体吸收，导致该频率的光能量减弱，其吸收关系服从 Lambert-Beer 吸收定律，表示为式(2-12)，这样就可以通过光强的变化测量出气体的浓度信息。

$$I = I_0 \exp\left(-\alpha_m LC + \beta + \gamma L + \delta\right) \qquad (2-12)$$

式中，α_m 表示摩尔分析吸收系数，L 表示光程长度，C 表示气体浓度，β 表示瑞利散射系数，γ 表示米氏散射系数，δ 表示气体密度波动造成的吸收系数，I_0 和 I 为输入、输出的光强。

红外吸收式气体传感器适用于对混合气体的检测，其响应速度快、稳定性好、防爆性好，同时具有零点自动补偿与灵敏度自动补偿的功能，极大地提高了传感器的测量精度和使用寿命。

(4) 热催化气体传感器。

热催化气体传感器由敏感元件、补偿元件及电极引线和透气性良好的金属防爆外壳等组成。其中，敏感元件和补偿元件均由测温铂丝电阻外包裹球形疏松多孔氧化铝制成，它们的结构完全一致，二者被分别置于两个隔离的对称分布空腔内，空腔的热分布边界条件一致。二者的差异在于敏感元件载体上添加有催化剂，被测气体在敏感元件上可以无烟燃烧放热，导致敏感元件温度升高、铂丝电阻增大，根据敏感元件铂丝的阻值变化就可以感知可燃性气体及其浓度；而补偿元件上没有催化剂，被测气体在补偿元件上不发生反应。

与其他种类的气体传感器相比，热催化气体传感器由于具有抗高湿、抗粉尘、体积小、成本低等优势，更加适用于恶劣环境下的可燃性气体检测，比如在煤矿瓦斯检测中就发挥了重大的安全检测作用。

(5) 热导式气体传感器。

热导式气体传感器是指能感知环境中某种气体及其浓度的一种装置或者器件，属于电学类气体传感器的一种。传感器可以将与气体种类和浓度相关的信息转换为电信号，具有检测范围广、工作稳定性高、使用寿命长、结构简单、价格低廉、使用维护方便等优势，但是受到检测精度及灵敏度较低、温度漂移较大等劣势的影响，热导式气体传感器的应用范围受限。

2. 典型气体传感器

下面根据检测对象的不同，主要介绍几种典型的用于检测有毒气体、大气污染气体、可燃烧性气体的气体传感器。

(1) CO 传感器。

CO 传感器采用密闭结构设计，主要由电极、过滤器、透气膜、电解液、电极引出线(管脚)、壳体等部分组成，当 CO 气体通过外壳上的气孔，经透气膜扩散到工作电极表面时，在工作电极的催化作用下，就会在工作电极上发生氧化反应，从而实现对气体及浓度的感知。另外，CO 还是一种具有还原特性的气体，可以与氧化物发生还原反应而生成其他颜色的化合物。比色法就是利用 CO 的还原性，无需耗电就可以测定气体的浓度，操作简单、方便快捷。

(2) CO_2 传感器。

CO_2 传感器被广泛应用于家庭网络、通风系统、控制器、机器人、汽车等领域，完成对空气质量的检测任务。CO_2 传感器的主要类型有红外吸收型、电化学型、热导型和半导体型等。红外吸收型 CO_2 传感器基于气体的吸收光谱会随物质的不同而存在差异的原理制成，其灵敏度高、分析速度快、稳定性好。电化学型 CO_2 传感器按照检测电信号形式的不同可以划分为电位型、电流型和电容型三种；而按照电解质的形态，又可以划分为液体电解质型和固体电解质型。热导型 CO_2 传感器也是最早投入使用的一类传感器，基于 CO_2 与其他气体热传导率不同的原理制作而成，但是由于这种传感器测量灵敏度较低，因而并没有批量投入使用。半导体型 CO_2 传感器利用半导体气敏元件作为敏感元件，这种传感器响应速度快、环境适应能力强、结构稳定，是目前 CO_2 传感器研究的重点方向之一。

（3） CH_4 传感器。

CH_4 传感器的检测元件一般是载体催化元件，传感器在测量使用中会产生一个与 CH_4 含量成比例的微弱信号，信号经过多级放大电路放大后生成一个供模数转换电路采集的模拟输入量，再转换为便于单片机使用的数字信号，通过单片机的信号处理过程，提供显示和报警等扩展功能。CH_4 传感器通常可以划分为固定式和便携式两种，可直接用来替代催化燃烧元件，使用方便，已经被广泛应用于存在可燃性、爆炸性气体的场景中。

2.5.2　气体传感器应用

1）在潜水中的应用

众所周知，潜艇在失事时会失去上浮能力沉于海底，这时舱室容易受损进水，导致舱内气体受压形成高气压环境，艇员要想出艇脱险，需要利用水、气调压法使脱险舱室压力与舱外压力平衡，接应艇员的援潜救生艇、救生钟内也会产生相应的高压环境。在这种情况下，被检测环境不固定，而且人员经常处于移动状态，那么采用气体传感器与信号采集、显示单元分立控制的检测方式并不可行，需考虑采用便携式的检测方式。

我国目前进行潜水加压舱内环境气体检测所使用的气体检测仪，大部分是早期较为传统的热磁、电化学、红外等形式的气体传感器。磁氧分析仪和电化学氧分析仪可以用来监测氧气分压及浓度，红外线二氧化碳分析仪可用来监测二氧化碳浓度。这些气体检测仪工作时，需要将舱内的气体引出舱外，经减压后通入气体检测单元进行分析，在减压传送的过程中就会产生监测的滞后效应，进而限制现场检测的形式和效率。

一些技术比较先进的国家，已经实现了对高压环境下氧气及二氧化碳的实时监测，将耐受高压的传感探头直接置于高压舱室内，检测信号以弱电的形式输出，并发送至舱外的信号采集与处理系统。例如，英国某公司生产的高气压检测系统的传感探头已经可以检测 $0 \sim 1000$ kPa 环境中的气体浓度，某些公司生产的二氧化碳红外探头经过实验验证可以在 2600 kPa 环境正常使用，俄罗斯某公司生产的电化学氧探头可以检测 $6000 \sim 9800$ kPa 下的氧气浓度。

2）在酒精检测中的应用

酒后驾驶导致的交通事故在交通总事故中的占比非常高，目前针对驾驶员酒驾情况的检测手段通常是较为保守和传统的血液酒精浓度检测方法，这需要采集嫌疑人的血液，利用气相色谱进行分析，检测过程复杂耗时，且对检测场所有一定的要求，因此不适合于大面积快速筛查使用。另一种比较常见的间接测量方式是通过检测呼出的气体，直接测量肺深处酒精气体的浓度,进而通过亨氏定律再转换为血液中的酒精浓度。这种便携式检测设备是一种非侵入式的检测设备,在几秒内就可以快速给出检测结果,设备体积小、便于携带,非常适合交通执法人员的大面积现场排查使用。这种设备可以根据传感器检测原理的不同,划分为半导体型、燃料电池型和红外线型三类:半导体型性能较差,更多用于民间检测;燃料电池型精度较高,抗干扰能力较强,可以作为警用检测设备使用;红外线型的精度最高,一般作为取证型设备使用。

　　3)在安全检测中的应用

　　工业生产过程中,对生产过程及人员身体的安全性保护是非常重要的环节,常规的安全检测任务包括清查、预测、排除和治理烟、尘、水、气、热辐射、噪声、放射线、电流、电磁波等有害因素,需要借助仪器、传感器、探测设备准确迅速地了解生产系统与作业环境中的危险因素,掌握这些因素的类型、危害程度、范围及动态变化等。

　　石英晶体微天平气体传感器是基于压电石英晶片对质量敏感的特性,利用石英晶片表面的敏感薄膜捕捉待测气体,在薄膜吸附待测气体后测量石英晶体频率的变化,实现对待测气体的检测。这种传感器灵敏度高、结构简单,适用于常温工作环境,可以很好地弥补传统气体传感器的不足。近几年来,这种新型的气体检测传感器得到了快速的应用和发展。

　　4)在烟气检测中的应用

　　电力、石化和煤化工程项目正在迅速发展和建设,随着人类环保意识的不断增强,这些工程项目带来的环境污染问题逐渐成为监管和建设单位重点关注的内容之一。工程中经常使用化学分析、电化学传感器检测等方法进行烟气监测。常用的气体传感器多为电化学传感器,这也是烟气监测设备的核心部件。电化学传感器的性能稳定、使用寿命长、响应速度快、不受湿度的影响,其温度的适应性也较宽,并且很多检测仪器都具有软硬件的温度补偿措施,在气体检测应用中,电化学传感器占据很重要的地位。除了上述优势之外,电化学传感器的体积小、成本低、操作简单、携带方便,非常适合现场监测使用。科学的使用和维护可以有效地延长传感器的使用寿命,保证测量结果的准确性,这对控制排放指标、实现节能减排起着非常重要的作用。

2.6　速度传感器

2.6.1　速度传感器类型

　　速度指单位时间内位移的增量,一般包括线速度和角速度。用于测量线速度或角速度的传感器就叫做线速度传感器或角速度传感器,也可以统称为速度传感器。

　　在机器人自动化技术中,旋转运动的速度测量需求较多,而直线运动的速度也经常通过旋转速度来间接测量。测速机就是一种比较典型的速度传感器,可以将旋转速度转变成电信号进行感知分析。测速机要求输出电压与转速间保持线性关系,而且要求输出电压的陡度较大,时间及温度稳定性较好。测速机一般可以分为直流式和交流式两种,直流式测速机的励磁方式又包括他励式和永磁式两种,其电枢结构有带槽式、空心式、盘式印刷电路等多种形式，其中带槽式最为常用。除此之外，旋转速度传感器还可以按照安装形式分为接触式和非接触式两类。

（1）接触式旋转速度传感器。

接触式旋转速度传感器与运动物体直接接触，当运动物体与旋转式速度传感器接触时，摩擦力会带动传感器的滚轮一起转动，安装在滚轮上的转动脉冲传感器，就会发出一连串的脉冲信号，每个脉冲信号就代表着一定的距离值，通过对脉冲信号的测量就能计算得到线速度信息。接触式旋转速度传感器结构简单、使用方便，不过其接触滚轮与运动物体始终保持接触状态，滚轮的外周会出现一定程度的磨损，出现尺寸误差，但是每个传感器的脉冲数是固定的，这就会影响传感器的测量精度。另外，接触式旋转速度传感器不可避免地会产生滑差，也会影响测量的准确性。因此，要想提高传感器测量精度就必须在二次仪表中增加针对上述情况的补偿电路。

（2）非接触式旋转速度传感器。

非接触式旋转速度传感器与运动物体无直接接触，这种传感器的测量原理很多，较为常见的是光电流速传感器和光电风速传感器两种。光电流速传感器叶轮的叶片边缘会贴上反射膜，流体的流动会带动叶轮的旋转，叶轮每转动一周，光纤传输会反光一次，进而产生一个电脉冲信号，这样就可根据检测到的脉冲数来计算流速。光电风速传感器利用风来带动风速计旋转，经过齿轮传动后再带动凸轮成比例旋转，光纤被凸轮轮盘遮断会形成一串光脉冲，经光电管转换成电信号后就可计算出风速。非接触式旋转速度传感器使用寿命长，而且无需增加额外的补偿电路，不过，因为脉冲当量不是距离的整数倍，所以对速度的计算相对复杂一些。

2.6.2　速度传感器应用

在车辆的检测应用中，速度传感器为车辆的安全行驶保驾护航，可以使驾驶员准确及时地掌握车辆的行驶速度和状态，以对驾驶行为进行有效安全的调整。其实，车辆中使用的速度传感器类型也很多，如车轮转速传感器、发动机转速传感器、减速传感器、车速传感器等。车轮转速传感器主要用来检测车轮的转速，在汽车制动控制和驱动控制两方面应用较多；发动机转速传感器用来检测发动机的转速，利用曲轴位置传感器来检测发动机的转速，重点应用于燃油喷射量、点火提前角、动力传动控制等方面；减速传感器用来检测汽车在减速时的速度和加速度，主要在汽车制动控制和驱动控制两方面使用；车速传感器通过直接或间接的形式检测汽车轮胎的转速，组成及原理相对复杂。下面将围绕应用较多的磁电式和霍尔式速度传感器进行重点介绍。

（1）磁电式速度传感器。

磁电式速度传感器主要是利用磁阻元件阻抗值会随着磁场的强弱而变化这一特性实现转速测量的。磁电式速度传感器内部安装有磁铁，使得传感器预先就带有一定的磁场，当金属的检测齿轮靠近传感元件时，齿轮的齿顶与齿谷所产生的磁场变化会导致传感元件磁阻抗的变化。不过，磁阻元件的阻抗值也会随温度发生很大的变化，如果用磁阻元件来测量转速，温漂的影响不容忽视，这也就限制了磁阻元件的应用范围，所以目前很多磁电式速度传感器在设计阶段已经考虑到针对温漂的补偿措施。

一种比较典型的磁电式速度传感器的原理图如图 2-29 所示，从图中可以看出，传感器由两个磁阻元件和两个电阻构成了电桥回路，其差动输出信号即检测信号被获取后直接送入运算放大器进行放大处理。为了调整两个磁阻元件的阻抗差异，电桥回路里还加入了可调电位器以调整阻抗的平衡，平衡电桥的输出也被接入运算放大器。如果检测用齿轮采用渐开线齿轮，输出的波形几乎和正弦波相同，那么信号经过放大处理后，再经过整形电路就可以变换为上沿和下沿跳变更快的矩形波。输出电路采用集电极输出的方式，LED 指示器会随着输出波形的高低变换而在明暗状态下不断切换。这种传感器的磁阻元件会被封装在传感器的顶端，考虑到安装时的方向性和安全性要求，在传感器上一般会标有位置对准记号。

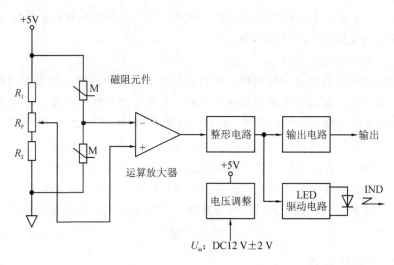

图 2-29　磁电式转速传感器原理图

（2）霍尔式速度传感器。

虽然霍尔效应自 1879 年发现以来，距今已有 100 多年的发展历史，但是随着 1978 年微电子时代的到来和快速发展，霍尔效应才被人们重视和推广使用，不断地开发出多种霍尔元件。我国从 20 世纪 70 年代开始加大对霍尔元件的研究力度，经过数十年的钻研和努力，已经可以生产各种性能的霍尔元件，例如普通型、高灵敏度型、低温度系数型、测温测磁型和开关式的霍尔元件。霍尔传感器具有灵敏度高、线性度好、稳定性高、体积小和耐高温等优点，已经被广泛应用于非电量测量、自动控制、计算机装置和现代军事技术等各个工业领域。

采用霍尔结构，基于霍尔效应的磁电传感器被称为霍尔式速度传感器，这种传感器对磁场敏感度高、输出信号稳定、频率响应高、抗电磁干扰能力强、结构简单、使用方便，在汽车速度的测量应用中使用较为广泛。该类传感器由特定磁极对数的永久磁铁（一般为 4 对或 8 对）、霍尔元件、旋转机构及输入/输出插件等组成，工作原理是，当传感器的旋转机构在外驱动的作用下旋转时，会带动永久磁铁的旋转，使得穿过霍尔元件的磁场产生周期性变化，引发霍尔元件输出电压的变化，再通过信号处理电路的作用，形成稳定的脉冲电压信号并以此作为速度传感器的输出信号。霍尔式速度传感器的主要电气指标包括输出信号高电压、低电压、占空比、周期、上升时间、下降时间、周期脉冲数等，为了保证产品的性能可靠性，必须在出厂前对这些指标进行定量测试。

此外，集成了高效自动测量、软件计算、图形或数表显示的集成化、智能化测试系统越来越受到汽车速度传感器生产企业的青睐，这种测试系统测试精度高、数据通信可靠、抗干扰能力强、检测过程简单直观、用户界面美观友好、系统开发成本低，在车辆速度检测应用方面具有较好的推广市场和应用前景。

2.7　数字传感器

数字传感器是指将传统的模拟式传感器加装或改造模数转换模块，使之成为输出数字量（或数字编码）信号的传感器，主要包括放大器、A/D 转换器、微处理器、存储器、通信接口、温度测试电路等。随着微处理器和传感器制作成本的逐渐降低，从环境中获取的信息类型和信息内容更加多样化，很多全自动或半自动系统已经基于这些信息扩展出更多的智能性功能。

根据数字传感器的工作原理，按照传感器输出信号形式的不同，可以划分为频率式（如谐振式传感器）、脉冲式（如光栅传感器）、数码式（如光电码盘）等不同形式的传感器。

1）频率式数字传感器

频率式数字传感器是利用谐振原理，将被测量的变化转换成谐振频率变化的一种传感器。频率式数字传感器的敏感元件（谐振元件）可以是被张紧的金属丝（振弦）、金属膜片（振膜）或薄壁圆筒（振筒）等机械式谐振元件，也可以是压电谐振元件（压电振子）。此类传感器使用敏感元件的振动频率、相位和幅值等作为敏感参数，实现对压力、位移、密度等被测参数进行测量的目的。下面以振弦式传感器和压电式谐振传感器为例，来说明频率式数字传感器的工作原理。

（1）振弦式传感器。

振弦式传感器是基于谐振技术的传感器，输出的是周期信号，只需利用简单的数字电路即可将信号转换为便于微处理器接收处理的数字信号。如果将振弦置于永磁磁场中以电流方式引起激振，当激励电流流经振弦时，可以把振弦等效为 LC 并联电路，由于振弦在振动过程中受到的空气摩擦阻力较小，可以忽略不计，所以施加在振弦上的电流 i 所产生的激振电磁作用力 F 将会被振弦的惯性反作用力 F_C 和弹性反作用力 F_L 所平衡，如公式（2-13）所示。如果将激振电流 i 分解成对应于 F_C 与 F_L 的两个电流分量 i_C 与 i_L，式（2-13）可进一步推导为式（2-14）的形式。其中，l 为振弦置于磁场中的有效长度，B 为永磁磁场的磁感应强度。

$$F = F_C + F_L \tag{2-13}$$

$$F = Bli = Bli_C + Bli_L \tag{2-14}$$

振弦式传感器输出的是频率信号，该种传感器中没有活动部件，因而精度高、分辨率高、抗干扰能力强，可以直接与微处理器相连组成数字检测系统，非常适合于长距离传输使用，目前已经迅速发展成为一个新的传感器家族，被广泛应用于对多种参数（如压力、位移、加速度、扭矩、密度、液位等）进行测量的任务，在航空、航天、计量、气象、地质、石油等行业中发挥着重要的作用。但是这类传感器对制作材料的质量要求较高，加工工艺相对较复杂,因此生产周期较长,成本较高。另外,传感器的输出频率与被测量往往是非线性关系,所以需要对感知信号进行线性化处理,才能保证良好的精度指标。

(2)压电式谐振传感器。

压电式谐振传感器是利用逆压电效应将加在振子电极上的输入电压转换成振子的机械振动这一原理制成的,由振子、振子表面敷层、紧固件和周围介质等结构元件组成,核心部件是用压电材料制成的振子。上述这些结构元件会在振动时发生相互作用而产生能量交换,决定着作为电路元件的压电谐振器的性能及幅频特性。根据压电式谐振传感器的感知原理,非常适合用来完成称重任务,压电式谐振称重传感器结构图如图 2-30 所示,在称重过程中压电谐振器受到重物作用力 F 的影响而产生形变,机械应力的性质和大小决定着频率的变化,频率变化 Δf 与外加作用力 ΔF 呈线性关系,一般可以用式(2-15)来表示,其中,k 为力频灵敏度系数。

$$\Delta f = k \cdot \Delta F \qquad (2-15)$$

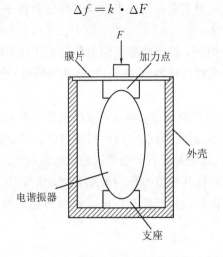

图 2-30 压电式谐振称重传感器结构示意图

压电式谐振称重传感器电子线路原理图如图 2-31 所示,振荡电路用于激励压电谐振器进行振荡并产生信号输出,差频整形电路将压电谐振器的输出频率 f_1 与基准频率 f_0 进行比较后输出值($f_1 - f_0$)的方波信号,差频整形后输出的频率信号可以反映出传感器的受力情况。假设压电谐振器的基准频率也是 f_0,那么当力 F 作用于压电谐振器时,其频率将按照式(2-16)变化。

$$f - f_0 = (f_0 + \Delta f) - f_0 = \Delta f \qquad (2-16)$$

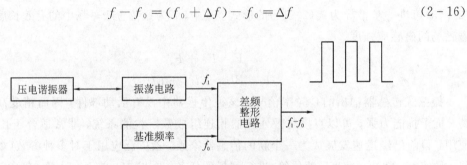

图 2-31 压电式谐振称重传感器电子线路原理图

2）脉冲式数字传感器

光栅传感器是一种典型的脉冲式数字传感器，通过计量光栅的莫尔条纹现象实现精密测量。光栅的制作方式通常为：在一块平面玻璃或金属片上，刻上平行等宽、等距的刻线，刻线不透光，两刻线之间可以透光，这些大量相同的等间隔平行排列的狭缝就形成了一个光栅，如图 2-32 所示。其中 a 为栅线（不透光部分）的宽度，b 为栅线间（透光部分）的宽度，W 称为光栅的栅距，通常为 $10^{-2} \sim 10^{-3}$ mm 数量级。

图 2-32　光栅条纹示意图

光栅的种类很多，按工作原理可以分为物理光栅和计量光栅，按栅线形式可以分为黑白光栅（幅值光栅）和闪耀光栅（相位光栅），按透射形式又可以分为透射式和反射式两种，其结构示意图如图 2-33 所示。尽管光栅的种类不同，但是均由光源、光栅、光敏元件三大部分组成。

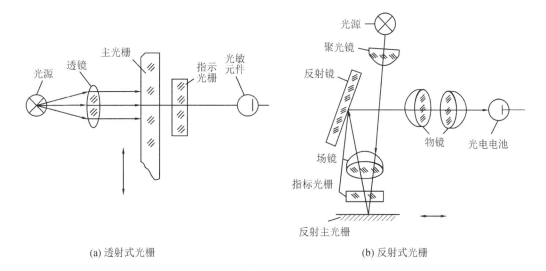

(a) 透射式光栅　　　　　　　　　　　　　　　　(b) 反射式光栅

图 2-33　不同透射方式下的光栅结构示意图

在说明光栅的工作原理前，首先需要理解什么是莫尔条纹。按照光学原理，对于栅距远大于光波长的粗光栅，可以利用几何光学的遮光原理来解释莫尔条纹的形成及其原理。

如图 2-34(a) 所示，当两个栅距相同的光栅合在一起时，将其栅线之间倾斜一个很小的夹角 θ，那么在近乎垂直于栅线的方向上就会出现明暗相间的条纹，这样的条纹就是莫尔条纹。假设在图中 h-h 线上，两个光栅的栅线彼此重合，那么从缝隙中会通过一半的光，使得透光面积最大，形成莫尔条纹的亮带，同样的道理，在 g-g 线上将两光栅的栅线彼此错开，可以形成条纹的暗带。

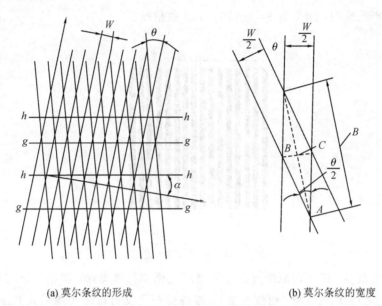

(a) 莫尔条纹的形成　　　　　　　　　　　　　(b) 莫尔条纹的宽度

图 2-34　莫尔条纹形成原理

横向莫尔条纹的宽度 B（见图 2-34(b)）与栅距 W 和倾斜角 θ 之间的关系可用公式（2-17）来表示，光栅每移动一个栅距 W，莫尔条纹就移过一个间距 B。由于光栅的遮光作用，透过光栅的光强会随着莫尔条纹的移动而变化，变化的规律近似于直流信号和交流信号的叠加，那么只要测量出波形变化的周期数，即莫尔条纹移动数，就可间接获得光栅的位移量。

$$B = \frac{W(\mathrm{mm})}{\theta(\mathrm{rad})} \tag{2-17}$$

结合图 2-33(a) 中光栅的组成结构，光源发射的光线穿过透镜形成平行光束，照射在由两块光栅常数相同的主光栅和指示光栅上，二者均可移动或固定不动，刻线面相对放置，之间留有很小的间隙相叠合，那么在近似垂直于栅线的方向上就能够形成比栅距 W 宽得多的明暗相间的莫尔条纹，中间为亮带，上下为两条暗带，光强分布曲线如图 2-35 所示。当光栅沿垂直于栅线的方向每移过一个栅距时，莫尔条纹会近似沿栅线方向移过一个条纹间距，光敏元件接收到莫尔条纹信号，传递至后续信号处理计算模块，就可以得到光栅移过的距离。在实际使用中，由于光栅存在一定的刻画误差，使得各狭缝之间并不是完全等间隔平行排列，因此会出现亮度不均的现象，所以光强亮度变化曲线并不是理想的三角形分布，而是呈现为近似正弦波的曲线。

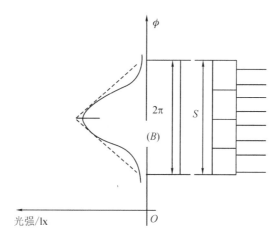

图 2 - 35　光强分布曲线

　　光栅转速计是光栅传感器的一种典型应用。在大型旋转机械的使用和工况监测中，对转轴转速的测量是一项非常重要的内容。光栅传感器作为具有远距离数据传输功能的新兴传感元件，无需依赖外部供电，耐油污、耐腐蚀、抗电磁干扰能力强，可以广泛地应用于较传统的光学式、光电式、磁电式传感器中。

　　光栅转速计测速系统工作原理如图 2 - 36 所示，在被测物转轴上安装光栅元件，光源经过光学系统将一束光照射到被测转轴的光栅元件上，转轴每旋转一周，会将光线透射到光电元件上。随着转轴的不断转动，光电元件接收的光信号发生规律性的强弱变化，形成脉冲信号，再经过放大、整形、细分等处理过程后送入计数及显示模块，同时计算求得转轴的转速信息。在汽车测速中经常使用这样的方式进行测量，所使用的光源一般为激光红外光线。

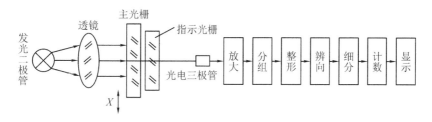

图 2 - 36　光栅转速计测速系统工作原理示意图

　　3）数码式数字传感器

　　编码器是数码式数字传感器的典型代表之一，编码器又可分为脉冲盘式和码盘式两种，下面重点围绕码盘式编码器（也称绝对式编码器）进行讲解。码盘式编码器又称旋转编码器，是一种旋转式的位置传感器，它的转轴通常是通过联轴器等与被测轴连接，随被测轴一起转动，可以将被测轴的角位移转换为二进制编码或者一串脉冲信号。绝对式编码器通常包括接触式编码器与非接触式编码器，后者比较常见的有电磁式和光电式两种。绝对式光电编码器一般由光源、码盘、检测光栅、光电检测器件和转换电路组成，光线扫描旋转码盘上有专用编码码道，以确定被测物体的绝对位置，然后将检测到的编码数据转换为脉冲形式的输出信号来计算位移量。码盘通常是由光学玻璃制成，上面刻有许多同心码道，由按照一定编码规律排列的透光及不透光的区域组成。白色透光区域和黑色不透光区域由二进制数的"1"和"0"表示，当码盘旋转至不同位置时，光敏元件输出信号的组合可以由按一定规律编码的二进制数字量形式表示。图2-37(a)为一个普通的四位二进制码盘，这种码盘会产生读数误差，当码盘回转（交替过程）在两码段中时（如码盘顺时针转动时，相邻两格"1111"变为"0000"时），四位数编码要求同时变化，就有可能出现数码误读的情况。为了解决这个问题，可以采用如图2-37(b)所示的循环编码方式，四位二进制循环码盘也只有"0"和"1"两个数组成的16种编码组合，但是循环码盘上相邻两个四位代码只有一位代码会发生变化，这就极大地降低了误差出现的概率。

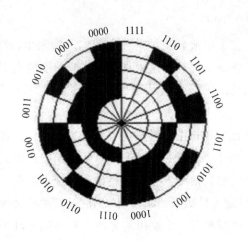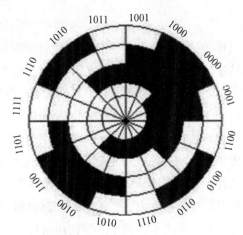

(a) 普通四位二进制码盘　　　　(b) 四位二进制循环码盘

图2-37　四位二进制码盘

绝对式编码器每一个编码码道位置绝对唯一、抗干扰性强、断电无需记忆、性能优良、价格低廉，常常作为工业系统中针对角度测量、长度测量和定位控制的首要选择，在涉及科研、军事、航天等行业的自动测量和自动控制系统应用中，一般作为精密位移传感器使用。

思考题与习题 2

2-1　简述热电偶的中间导体定律。

2-2　简述热电阻测温原理及常见热电阻的种类。

2-3　简述压电效应的具体内容。

2-4　简述石英晶体各坐标轴的定义及其特点。

2-5　简述压电陶瓷的结构及其特性。

2-6　列举光电效应的种类及相应的光电器件。

2-7　简述光敏电阻的结构及工作原理。

2-8　列举红外传感器类型。

2-9　简述典型气体传感器原理及应用。

2-10　列举数字式传感器特点及分类。

2-11　简述光栅传感器的结构及工作原理。

第 3 章　听觉传感系统

3.1　振动传感器

3.1.1　振动传感器原理

振动传感器是将机械能转换为与之成比例的电信号的设备。通常，振动传感器并不是直接将待测量的机械能转换为相应的电量，而是将原始机械量作为振动传感器的输入。原始机械量经由机械接收部件加以接收，形成另一个适合于变换的机械量，最后经由机电变换部分再转换为电量输出。

1. 机械接收

机械接收可以分为相对式和惯性式两种。

1）相对式机械接收

机械运动是物质运动的最简单形式，最初人们普遍利用机械式测振仪来测量振动的，并在此基础上设计出了相应的传感器装置——机械测振仪。相对式机械测振仪的工作原理是在测量时，把仪器固定在不动的支架上，使触杆与被测物体的振动方向保持一致，借助弹簧的弹性力使触杆与被测物体表面接触，当物体振动时，触杆就会跟随着物体一起运动，并推动记录笔杆在移动的纸带上描绘出振动物体随时间变化的位移变化曲线，根据这个曲线就可以计算出位移的大小及频率等相关参数。

2）惯性式机械接收

惯性式机械测振仪是将测振仪直接固定在被测振动物体的测点上，当传感器外壳随被测振动物体运动时，由弹性支承的惯性质量块将与传感器外壳发生相对运动，安装在质量块上的记录笔就可以记录下质量块与外壳的相对振动位移及幅值，然后利用惯性质量块与外壳的相对振动位移关系式，即可求出被测物体的绝对振动位移。

2. 机电变换

与传统意义上独立的机械测量装置不同，现代振动测量中所用的传感器仅仅是整个测量系统中的一部分，还需要借助其他相关的电子线路共同完成测量任务。由于振动传感器内部机电变换原理不同，输出的电量也各不相同，测得的机械量可以变换为电动势、电荷的变化或电阻、电感等电参量，但是一般来说，这些参数并不能直接进行显示、记录和分析，必须附以对应的测量电路，以便将传感器的输出电量转化为可供显示或为分析仪器所接受的一般电压信号。按照机电变换原理的不同，传感器可以分为电动式、压电式、电涡流式、电感式、电容式、电阻式、光电式等多种形式；而按照所测机械量的不同，传感器又可以分为位移传感器、速度传感器、加速度传感器、力传感器、应变传感器等。下面将对电动式、电感式和电容式传感器的工作原理进行简单介绍。

1）电动式传感器

电动式传感器是指利用电磁感应原理，将运动速度转换并输出为线圈中的感应电势，又可称为感应式传感器。这种传感器不需要外加供电电源，可以直接吸取被测物体的机械能并转换成电信号输出，是一种典型的发电型传感器。

2）电感式传感器

电感式传感器是利用线圈自感或互感系数的变化来实现对非电量进行测量的一种装置。利用电感式传感器，可以实现对位移、压力、振动、应变、流量等参数的测量，它具有结构简单、灵敏度高、输出功率大、输出阻抗小、抗干扰能力强及测量精度高等一系列优点，在机电控制系统中得到了广泛应用。

3）电容式传感器

电容式传感器包括可变间隙式和可变公共面积式两种类型，前者可以测量直线振动的线位移，后者可以测量扭转振动的角位移。

3.1.2　振动传感器应用

应用计量学通常将振动划分为高、中、低三个频段，高频(5～50 kHz)主要应用于航空航天领域；中频(20～5000 Hz)主要应用于电子通信、交通车辆和机械制造等领域；低频(0.1～120 Hz)主要应用于水利电力、桥梁大坝和环境监测等领域。了解了振动传感器的制作及工作原理后不难发现，振动传感器非常适用于检测不良振动、异常振动、声波信号等，应用于工业生产领域的在线自动检测系统和自动控制系统，对机械中的振动和位移、转子与机壳的热膨胀量可以有很高的检测精度。在针对多种微小距离和微小运动的测量、工程测振、地质勘探、铁路、桥梁、大坝的振动测试与分析等诸多领域中，振动传感器也非常出色地完成了对状态的感知任务。

灵敏度是判断传感器好坏的最基本指标之一，灵敏度的大小会直接影响到振动传感器对振动信号的测量精度。振动传感器的灵敏度一般由被测振动量的大小决定，但是用来测量以一定规律出现的加速度和减速度时，压电加速度传感器测得的不同频段的加速度信号大小差异较大，这主要是因为测量的是振动的加速度值，而相同位移幅值条件下的加速度值是与信号频率的平方成正比的。压电式加速度传感器测量范围较大，但是也无法覆盖高低频率间全部的振动信号，所以在选择加速度传感器时，需要首先对被测信号进行充分的估计以及选择灵敏度合适的传感器型号。实验证明，加速度传感器的灵敏度越高，其测量范围就越小，反之亦然。除了灵敏度指标外，还需要比较不同型号传感器的一致性、互换性、抗干扰性、可靠性、自动复位性、信号后处理难易度、是否设计振动分析放大电路、安装调试方式等指标。

随着振动传感器的灵敏度和制作工艺的不断提高，有望对此前无法检测到的微小异常振动信号实现可视化实时监控。如果将振动传感器安装在工厂的机床和配管、产品的最终检查装置，或者植入楼宇的结构体中，就可以在发现螺丝松动、管道龟裂等异常情况后，提前采取相关措施，避免更大程度的人员伤亡和财产损失。高灵敏度振动传感器还可以应用在医疗护理领域，用来检测人体的脉搏情况，或者与基于互联网的诊断服务结合使用，使服务器积累并记忆正常和异常的振动波形，结合人工智能、大数据分析算法实现智能诊断或辅助决策。

　　智能型振动传感器集成了传统传感器与微处理器的优势，集数据采集、数据处理、数据交换能力于一体。随着芯片技术和计算机技术的蓬勃发展，以及其与物联网技术的不断融合，振动传感器将朝着更加智能化、专业化、信息化的方向发展。随着制造及运维成本的不断降低，振动传感器的智能化应用会更加普及。

3.2　声　　呐

　　声呐（Sound Navigation and Ranging，也简称作"sonar"）是利用水下声波对水下信息进行传递和探测的设备的总称。声呐的分类方式较多，按用途可以分为测距声呐、综合声呐、侦察声呐、识别声呐、通信声呐、报警声呐等；按波束特征可以分为单波束声呐、多波束声呐、扫描声呐、旁视声呐等；按装载体可以分为舰用声呐、潜用声呐、航空声呐、岸用声呐等；按基阵结构和布设方式可以分为吊放式声呐、拖曳式声呐、合成孔径声呐、参量阵声呐、舰壳声呐等。

3.2.1　声呐的原理

1. 主动声呐与被动声呐

　　从工作原理角度出发，声呐可以分为主动声呐和被动声呐两类。在水下测距任务中，雷达所使用的电磁波信号在水下衰减严重，而且波长越短，损失越大，这就会阻碍远距离探测工作的展开。利用对声波的感知可以很好地避免这种情况的发生。因为声波是由物体振动产生的，可以在水中传播至非常远的距离，使得对反射波的采集更加容易和可行。在实际生活中也不难发现，当站在群山之中高声呐喊，间隔一段时间后就可以听到回声，这种条件下，嗓子和耳朵就组成了主动声呐系统，那么利用声音传播的速度和时间就可以快速简单地计算出人与大山之间的距离。仍然以这个场景为例，如果此时在大山的另一侧，有人恰好听到了这句呼喊，那么这个人就实现了被动声呐的功能。

1）主动声呐

　　有目的地主动从系统中发射声波的声呐称为主动声呐。在进行水下探测时，主动声呐发射声波信号，利用信号在水下传播途径中遇到的障碍物或目标反射的回波进行探测。主动发射的声波到达目标并返回后，通过计算目标反射回波的时间以及其他回波参数，就可以探测水下目标，测定其距离、方位、航速、航向等运动要素。由于主动声呐是利用接收的回波来探测目标的，所以除了可以探测到运动目标外，还可以搜寻海底的潜艇、沉船、飞机残骸及其他固定不动的障碍物。为了解决在水下产生或接收声波的问题，利用磁场或电场能让物体发生形变这一原理制成水声换能器。水声换能器是利用晶体压电陶瓷的压电效应或铁镍合金的磁致伸缩效应进行工作的。在前面的章节中也已经介绍了压电效应及压电传感器的基本原理，声波在传播过程中遇到压电传感器，就会引起传感器的微小振动进而产生电荷信号，再结合其他电路和计算机，就可以制成听声器；当压电体上下两端连接电线并且施加电压时，就会使物体沿着电场的方向伸长或是缩短，如果使电场的加载速度变快，即频率增大，就可以使物体发生形变进而加快振动发出声波，声波产生后辅以其他配套设备，就组成了主动声呐的声源。

　　主动声呐由换能器基阵、发射机(包括波形发生器、发射波束形成器)、定时中心、接收机、指示器、控制同步设备等部分组成,如图 3-1 所示。

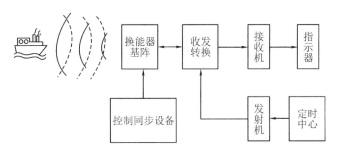

图 3-1　主动声呐原理图

　　需要注意的是,主动声呐的发射信号在各种物体(被测目标、障碍物、水中不均匀水团)上均会发生散射,可能会出现严重的混响现象,缩小了声呐的有效作用距离,妨碍对目标信号的接收,因此混响是主动声呐系统面临的主要外部干扰之一。

　　主动声呐适用于探测冰山、暗礁、沉船、海深、鱼群、水雷和关闭了发动机的隐蔽潜艇。现代的主动声呐主要是大功率、全景或多波束覆盖的,通常安装在潜艇、水面舰艇以及直升机或固定翼飞机上,可以直接测出目标的距离和方位,是反潜战装备的重要组成部分。但是,潜艇声呐一般以被动方式为主,如果在潜艇上使用主动声呐,很有可能会暴露潜艇的位置,影响潜艇的隐蔽性,所以只有在必须进行精确测距的情况下才会使用主动声呐,发射 2～3 个脉冲来测定目标距离。

　　2) 被动声呐

　　被动声呐可以通过简单地接收目标发出的噪声,来测定目标的距离和方位,本身不发射信号,所以目标不会觉察声呐的存在及其意图,更适合于潜艇使用,既不需要冒着暴露自身的风险发送声波,又可以探测敌舰的活动情况,其工作原理如图 3-2 所示。不难发现被动声呐与主动声呐非常相似,最大的不同是没有发送声波的部分。为了增强声波的性能,声呐的单元一般会做成阵列的形式,配以其他设备,实现对某个特定区域的扫描,常见的大型阵列分为球形或柱状两种。

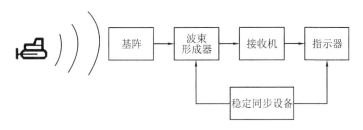

图 3-2　被动声呐原理图

　　被动声呐设计者只能针对特定的目标声音进行设计。还是以潜艇为例,潜艇自身发出的噪声包括螺旋桨转动噪声、艇体与水流摩擦产生的动水噪声,以及各种发动机的机械振动引起的辐射噪声等。在大多数情况下,声呐的设计者无法掌握其发出的声音类型及特征,因此被动声呐需要在潜艇自身噪声背景下接收远场目标发出的噪声,这就需要采用比主动声呐更多的信号处理措施。

在现代的水下对抗任务中，主动声呐的使用并不多，被动声呐相对广泛一些。为了实现全方位的探测，潜艇艇身左右两侧还安装有一系列的阵列。当同一个信号分别被两个以上的阵列感知后，在已知声波传播速度和两个阵列间距的前提下，利用接收信号的时间差就能够解算出声波源头到接收装置的距离。两个阵列布置得越远，计算结果就越精确。

2. 声呐系统的指标

衡量声呐系统性能的参数包括战术指标和技术指标两类，前者能够反映战术性能，例如作用距离、目标的方位角和高低角范围、定位精度、分辨率、搜索速度、环境条件以及盲区等，通常由作战和使用部门下达，需要根据战术指标的要求进行声呐的设计；后者指为了确保战术指标的实现，系统应具有的参数，例如发射功率、脉冲重复频率、工作频率等，这都属于设备的内部技术指标，一般由声呐设计师制定。

1）战术指标

（1）作用距离。

声呐的作用距离是实战中最为重要的战术指标，是指声呐在一定条件下能有效发现目标并测得数据的最大距离。根据不同的作用距离要求，可以选取不同的声呐类型，比如警戒声呐比探雷声呐要求的作用距离远，舰用声呐比岸用声呐要求的作用距离近得多。在测量开始前，还需要明确发射声源级、海况、传播衰减、环境噪声、目标强度等参数信息。

（2）方位角和高低角。

方位角和高低角分别指水平面内和垂直面内的角度，这两个角度范围所界定的空间描述了声呐系统可以搜索的空间区域，如果目标在界定的空间区域内出现，就可能被探测系统发现或进行参数测定。

（3）定位精度。

定位精度是指测定目标位置时的最小位置误差，也可称为定位误差，误差越小，精度越高。在已知目标方位和目标距离的前提下，可以确定目标在水平面内的位置，这样就对应出测向和测距两个精度指标。测向精度是指测量目标所在方位角的误差，而测距精度是指测量目标所在距离的误差。为了避免单次测量误差的随机性，一个系统的实际测向精度和测距精度需要经过多次测量后计算求得。

（4）分辨率。

分辨率表示声呐系统分辨空间中两个距离较近目标的能力。分辨率可分为方位分辨率和距离分辨率，前者表示在同一距离上能分辨出的两个目标间的最小角度间隔，取决于换能器的性质，包括换能器的指向性及信号处理方式等；后者表示在同一方向上能分辨出的两个目标间的距离，与所用信号波形、处理技术密切相关。实验表明，分辨率的数值越小，分辨率越高，声呐的性能就越好。

（5）搜索速度。

搜索速度是指单位时间内可搜索的空间区域的大小，主要由探测距离、波束宽度以及搜索方式决定。搜索一定空间所需的时间越少或在一定时间内搜索的空间区域越大，则表示声呐的搜索速度越快。早期的声呐采用步距式或探照灯式搜索，声呐发射和接收到的均为单波束，每发射一个脉冲均要等待一段时间，直到接收到最远距离目标的回波，才可旋转换能器基阵，进行下一步操作。这种方式的定位精度较高，但搜索速度相对较低，为了提高声呐的搜索速度，现代声呐往往采用多波束的搜索方式，即在预定扇面内利用多波束发射或在极短时间内相继发射波束,并利用预先形成的接收波束同时在此扇面内接收。目前,搜索速度最高的方式是多重搜索,它能够在多个扇面内同时进行波束发射,以及在这些扇面内分别利用预先形成的多个波束等待接收,大大提高了搜索速度。但是,无论是采用多波束搜索方式还是多重搜索方式都会增加设备的复杂性,因此对测量设备就提出了更高的设计要求。

(6) 环境条件。

环境条件是指对声呐所在的周围环境进行的规定,例如声呐安装的舰艇类型、工作时的环境温度、海况、舰艇航速以及抗电磁辐射能力和抗其他声呐干扰的能力等。

(7) 盲区。

盲区是指在声呐作用距离内,由于受到某些条件的限制而无法探测到目标的区域,一般可以用图形、角度或距离范围来表示。按照盲区的形成原因,盲区大致可分为物理盲区、几何盲区、尾部盲区、脉冲宽度盲区和混响盲区等。

2) 技术指标

(1) 信号强度(声源级)和声呐接收机的灵敏度。

信号强度(声源级)指声呐辐射的轴向声功率大小,接收灵敏度则指声呐可接收的最小信号,二者都以分贝表示。信号强度是主动声呐的重要技术指标之一,直接影响声呐的作用距离,通常与声呐接收机的灵敏度指标一起考虑。当接收机的灵敏度一定时,通过调整信号强度来保证接收端有信号;而当声呐的信号强度一定时,也可以通过提高接收机的灵敏度来保证在作用距离上接收机输出端有足够的信号。

(2) 接收机的检测阀。

接收机的检测阀指标是根据战术指标中给定的置信级,再结合接收机采用的具体信号处理方案计算得出的对接收机输入信噪比的要求。与接收机灵敏度指标不同的是,灵敏度的高低无法表示干扰信号检测的水平,而接收机的检测阀是衡量接收机好坏最重要的技术指标。

(3) 接收机的动态范围。

接收机的动态范围是接收机能正常接收的最大信号与最小信号幅度之比的分贝数,可根据声呐系统的最远作用距离和最近接收距离求得。

在设计声呐之前,必须充分考虑各项技术指标,如工作频率、脉冲宽度、信号形式、信号带宽等参数。由于技术指标对战术指标有着极大的影响,通常技术指标都是以战术指标作为原始依据并通过多重计算求得的。此外,由于声呐方程中各参数互相制约耦合,因而无法一次完成求取,需要不断调整各因素之间的系数,多次试解后才能得到最终的测量结果。

3. 新型声呐技术

1) 合成孔径声呐技术

合成孔径声呐技术是一种新型高分辨率的水下二维成像声呐技术,它基于小孔径基阵的移动,通过对不同位置接收信号的相关处理,来获得移动方向(方位方向)上大的合成孔径,从而得到关于方位方向的高分辨率。简单来说,移动距离越大,合成孔径的长度就会越长,分辨率越高,从而抵消了距离增大带来的影响。直到1992年该项技术才有所突破,并且出现了被动和主动两种工作方式的合成孔径声呐。1995年实验样机制作完成,实验测得样机的作用距离可以达到 400 m，分辨率达到 10 cm。

合成孔径声呐可以用于对水下军事目标的探测和识别，最直接的应用就是对沉底水雷和掩埋水雷进行高分辨率探测和识别，同时还可以用于海底目标探测、水下考古和搜寻水下失落物体等，尤其可以进行高分辨率海底测绘，这对数字地球的研究具有十分重要的意义。合成孔径声呐在国外的研究方向包括提高信号处理方法、增强目标识别图像分辨率和加大作用深度等，这项技术是具有良好应用前景的海洋高新技术之一。

2）水下定位技术

激光声遥感技术具有机动灵活、覆盖水域广等特点，在一些舰船难以达到的地方，其技术优势更加突出，但是等位精度相对较低。水声定位系统目前已经研发出具有很高精度的技术方法，所以将激光声遥感技术和水声定位技术联合起来构成的新型水下定位技术，是这个方向的重点研究内容。可以预见，在不久的将来，进行搜索较大范围海域内水下目标任务时，可以利用机载激光声遥感技术确定水下目标的大致范围，然后再利用船载水声定位技术对其进行精确定位。

3.2.2　声呐的应用

1. 军事应用

1）水面舰艇声呐系统

水面舰艇声呐主要用于探测水下潜艇、水雷等目标，为反潜武器射击、扫除水雷等活动提供目标坐标数据。水面舰艇的执行任务、武器装备和吨位决定着舰艇携带声呐的数量，一般为 1～10 部，分别负责探雷、识别、攻击、警戒、通信和导航等多种功能。水面舰艇上携带的声呐以主动声呐为主，被动声呐为辅，前者通常用于实现水声通信，对水下目标进行探测定位，后者一般用于潜监听和鱼雷报警。

现代水面舰艇声呐根据换能器基阵布设方式的不同，可以分为拖曳声呐和舰壳声呐。拖曳声呐的换能器基阵拖曳在舰尾，可以通过改变拖拽缆线长度调节基阵入水深度，从而选择最有利的作业水层。由于基阵位于舰尾，远离舰体，所以受舰艇噪声干扰较小。舰壳声呐的换能器基阵安装在舰艇壳体上，又分为固定式和升降式两种，前者基阵根据舰艇吨位大小，安装在舰艇的不同部位，而后者基阵一般安装在舰艇前部龙骨附近的围阱中，工作时通过传动装置，降低到离舰体下数米深的水中，较多用于中小型舰艇。

2）潜艇声呐系统

潜艇是公认的战略性武器，其研发和生产需要高度全面的工业能力。潜艇在水下作战时，最重要的就是对海情的掌握，作战区的水文情况往往决定着战争的走向。潜艇因其在艇体形状和动力设置上的特点，尾端同时也是动力输出部分，由于湍流冲击干扰，会形成一个艇声呐球和艇体声呐无法探测的盲区，严重威胁潜艇的安全。这种情况下采用拖曳声呐，可以有效搜索隐藏在盲区中的目标，实现全面侦听。潜艇装备的声呐形态还包括安装在艇体多个位置的被动声呐听音装置，可以利用不同位置接收到同一信号，进行快速定位。

3）海底声呐监控系统

海底声呐监控系统是指在近海海底区域布设的规模巨大的声呐系统。该系统以大量水听器和收发一体的换能器形成组阵，可以固定布设或机动布设，构筑水声监控网。除了对海域自然灾害、海洋生物洄游运动进行监测外，该系统还可以防卫敌军对军事要塞、重要港口的破袭。

4）航空声呐系统

航空声呐主要配备在海军反潜直升机、反潜巡逻机上，用于搜索、识别和跟踪潜艇，保障机载反潜武器的使用，引导反潜兵力对潜艇实施攻击。吊放式声呐一般装备于反潜直升机上，采取跳跃式逐点搜索，当载机飞临某一探测点，调整为低空悬停状态，并将换能器基阵吊放入水至最佳深度，以主动或被动方式全向搜索，这种声呐发现潜艇的距离一般为 5 海里(9.26 km)左右。声呐浮标系统是机载综合反潜战术情报和指挥控制系统的重要组成部分，由浮标投放装置、无线电信号接收机和信号处理显示设备等组成。作战时，载机先将浮标组按一定的阵式投布于搜索海区，然后在海区上空盘旋，接收和监听由浮标组发现的经无线电调制发射的目标信息。被动式声呐浮标对在水下以 6 节(1 海里/小时)速度航行，潜艇的探测半径为 2～5 海里，最大范围可达 10 海里，而主动式声呐浮标的回声定位距离一般为 1.5 海里。

2. 传统应用

1）水下测深和测距

水下测深和测距一般会采用常规测深仪、底层剖面仪和旁视声呐三种测量工具中的一种。常规测深仪利用回声原理向水下发射短脉冲，通过测量海底反射的回波的到达时间来计算舰船所处的深度；底层剖面仪采用能发射穿入海底的具有低频大功率脉冲声源的声波，根据掠过各层介质的入射声波和回波的形状性质来确定海底的反射系数，推断出海底的结构和性质，探测海底是否存在沉船或暗礁等；旁视声呐可以探测垂直于舰船航速方向的海底，绘制海底地图。

另外，声呐技术与全球定位系统的有机结合可以辅助绘制出电子海图，详细清晰地描绘水下情况，可以广泛应用于海底沉积物、海底结构和地质、海底油气资源的勘探，海底考古，港口建设，石油平台安装，海底管道铺设等工程项目中。

2）鱼群探测和渔业管理

在鱼群探测和渔业管理应用中，主要使用探鱼仪、助渔声呐设备和声学屏障三种仪器设备。探鱼仪是一种利用水声工程技术的渔用电子仪器，用于发现鱼群的动向、鱼群所在地点及范围。探鱼器的出现大大提高了捕鱼的产量和效率。通过与其他助渔、导航仪器相接，经中央处理单元的统一处理后，可以在彩色显示屏上得到以鱼群为主体的全景影像，极大地扩展了探鱼仪的功能和应用范围。助渔声呐设备可以用于计数、诱捕鱼或者跟踪尾随鱼群等。在海水养殖场中还会利用声学屏障来防止鲨鱼的入侵以及龙虾鱼类外逃等情况的发生。

3）海流流速测量

多普勒效应是指水中目标向着接近或远离声呐的方向运动将改变接收回波频率的现象。在对海流流速进行测定的应用中，声呐系统由一对装在船底倾斜向下的指向性换能器组成，可以利用海底回波中的多普勒频移得到舰船相对海底的航速。若将声呐固定在流动的海域中，还可以实现对海水的流动速度及方向的自动检测和记录功能。

3. 海洋测绘应用

随着海洋高新技术的介入和装备的不断升级，水下地形声学探测技术得到了迅速发展，目前已成为世界各海洋国家在海洋测绘方面的重要研究方向之一。比较典型的探测设备有单波束回声测深仪、多波束测深系统和侧扫声呐。

1）单波束回声测深仪

前面介绍过，测深仪是指通过向水下发射短脉冲，测量海底回波的到达时间来随时测量舰船所处位置距海底深度的仪器，而单波束是指发射的声波为单波。传统的单波束测深仪由于采用单波束发射形式，测线之间操作过程中可能会出现对障碍物的漏测情况，从而降低了海图的可靠性；另一方面，为了能够接收到回波信号，测深仪的波束一般都设计得比较宽，但是如果海底深度变化比较快的话，宽波束就会导致测量结果产生误差。

虽然单波束回声测深仪设备简单，但也被广泛应用于航海保证、海洋开发等项目的水深测量中，并且在浅水区已达到厘米级以上的测量准确性，市场上各种不同频率和脉冲速率的测深设备也可以满足大多数用户的需求，但是它并不适合在港口、航道等高精度、大比例尺、要求全覆盖式水深的测量区域内使用。虽然测深技术在不断发展，但是单波束回声测深仪至今仍然在全世界范围内被保留使用，广泛应用于深度测量中。

单波束回声测深仪的数据记录方式已由较早的模拟式记录发展为数字式记录，其精确度得到极大的提高，可以满足大部分海道的测量要求。将数字式测深仪、运动姿态传感器、卫星定位系统及数据采集软件结合在一起的测深系统，可以极大地减少海洋测量人员投放数量，提高海洋测量效率。单波束测深仪未来将向着系统高度集成化、智能化、小型化的方向发展，其中双频单波束测深仪为航道适航水深的测量提供了可能，对发挥港口的潜在功能和指导回淤较大的疏浚区域测量具有现实意义。

2）多波束测深系统

20世纪70年代出现的多波束测深系统，能形成一定宽度的全覆盖的水深条带，可以比较可靠地反映出海底地形的细微地貌起伏，也被称为微地貌测量系统。利用多波束测深仪确定的海底地形更为真实可靠。从20世纪80年代中期以来，许多制造公司也开始进入这一领域，研制出不同型号的浅水用和深水用多波束测深系统。浅水多波束测深系统深度量程为3～400 m，深水多波束测深系统量程可达10～11 000 m，覆盖范围可达2.5～7.4倍水深。与单波束回声测深仪相比，多波束测深系统具有测量范围大、测量速度快、测量精度和效率高、记录数字化和实时自动绘图等优点，可以实现测深技术从"点-线"测量到"线-面"测量的跨越，并进一步发展到立体测深和自动成图领域，极大地提高了海洋测绘的工作效率，已经成为实现海底全覆盖测量的最为有效的工具，目前也在向着高精度、智能化、多功能的组合式测深系统方向发展。

多波束测深系统通过接收波束形成技术实现空间精确定向，利用回波信号的某些特征参量进行回波时延检测以确定回波往返时间，从而确定斜距以获得精确的水深数据，绘制出海底地形图，达到海底地形精确测量的扫测目的。如果采用合理的工作方式，并确保系统在探测航行障碍物中具有足够的分辨力，那么该设备或技术在准确性和全覆盖探测海底地形方面会具有巨大的潜力。虽然多波束测深仪的功能如此强大，但是对测量设计人员、操作人员和测量检查人员而言，尽可能多地掌握多波束测深仪的操作原理对测深数据的内插和评估都是至关重要的。未来，多波束测深设备将在增强数据采集密度、改善系统分辨率、增大覆盖范围、提高测深精度、形象表达海洋要素及多功能一体化等方面得到进一步的升级与改善。

3）侧扫声呐

侧扫声呐是基于回声探测原理进行水下目标探测的。工作原理如下：通过系统的换能器基阵以一定的倾斜角度、发射频率，向海底发射具有指向性的宽垂直波束角和窄水平波束角的脉冲超声波，在触及海底目标后发生反射和散射现象，利用显示器显示出各表层图像的不同特征，经过图像判读，进一步判别海底目标的特征，非常适用于对露出海床面以上的海底目标进行探测。侧扫声呐配备有计算机图像处理、识别系统，可以分析海底目标的大小、形状、深度等信息，具有较高的分辨率。但是，由于侧扫声呐只能对波束空间进行粗略的定向，所以不能对海底目标深度得到精确的测定结果，还需借助潜水员潜摸、单波束测深仪探测、多波束测深设备扫海等其他方式辅助来实现详细精确的测量。

目前，尽管侧扫声呐技术的使用受到船速的限制，但是在港口和航道探测中，侧扫声呐技术在对水下航行障碍物及水下小目标探测方面具有广泛的应用前景。未来侧扫声呐技术将向着图像镶嵌技术这一目标不断完善，使侧扫数据的三维可视化呈现更加丰富直观，系统分辨率不断提高，在高航速条件下图像保真及海底底质声学特征要素提取的可靠性等方面得到进一步的提高。

未来的声学测深技术势必会向着功能高度集成、设备小型化的方向发展，对海底多种声学特性的一体化探测无疑也是未来发展的重要趋势，这样不仅可以避免声学设备异步异地测量造成的数据融合困难，而且可以为海洋勘测提供更为可靠的数据支撑，增加分析讨论的客观性和科学性。

3.3　超声波传感器

超声波是指振动频率高于 20 kHz 的机械波，具有频率高、波长短、绕射现象少，特别是方向性好、能够成为射线而定向传播等特点。超声波对液体、固体（尤其是在阳光下不透明的固体）的穿透本领很大，碰到杂质或分界面时会产生显著反射形成反射回波，而碰到活动物体时能产生多普勒效应。超声波传感器是将超声波信号转换成其他能量信号（通常是电信号）的传感器，广泛应用在工业、国防、生物医学等领域。

3.3.1　超声波传感器概述

1. 超声波特性

人耳能够听见 20 Hz～20 kHz 之间的声音，这个频率内的振动叫做声振动，由振动产生的纵波称为声波。而超声波是一种波长极短的机械波，在空气中波长一般小于 2 cm，超声波的频率高于 20 kHz，是人耳无法分辨的声波。与人耳能听到的声波相比，超声波除了具有指向性好、功率大、反射能力强、穿透力强等特点，还具有独特的声场特性和传播特性，而且必须依靠介质进行传播，无法存在于真空（如太空）环境中。超声波波长较短，在水中的传播距离较远，而在空气中极易损耗、容易散射，所以在空气中的传播距离较短。不过波长短却更易于获得各向异性的声能，在医学、工业上经常用来进行清洗、碎石、杀菌消毒等作业任务。

1）声场特性

超声场是充满超声波的空间，若超声场远远大于超声的波长，超声就像处在一种无限的介质中，可以向外自由扩散；若超声的波长与相邻介质的尺寸相近，那么超声波会受到界面限制不能向外自由扩散，所以，介质界面的影响是研究超声场时必须要考虑的因素。

　　超声波的声场特性，主要是指超声场中的声压分布、声场的几何边界和声场指向性问题。声场指向性是指超声波定向束射和传播的性质，是超声探伤的必要基础，通常用指向性系数或扩散角来表示。根据换能器的互易性原理，同一个换能器用作接收仪器时，具有同样的指向特性，可以直接反映声场中声能集中的程度和几何边界。

　　当声波为一点声源时，可以向四面八方辐射；如果声源的尺寸大于波长，那么声源就会集中成一个波束，以某一角度扩散出去。在声源的中心轴线上声压最大，偏离中心轴线后，声压逐渐减小，这就形成了声波的主瓣（主波束）；离声源近的地方声压会交替出现最大点与最小点，形成声波的旁瓣。按照这一原理，观察图 3-3(a)，其中 OA 方向辐射的能量最多，用长度为 Oa 的线段表示，并使 Oa 归一化为"1"；OB 和 OB' 方向辐射的能量为 OA 方向的一半，通常称 OB 和 OB' 的夹角为半功率角，用 $\beta=0.5$ 表示，声源尺寸大于波长时的声波传播示意图如图 3-3 所示，这里主要呈现声源声场的指向性情况。

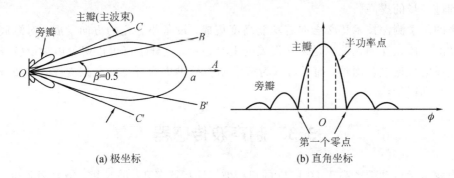

(a) 极坐标　　　　　　　　　(b) 直角坐标

图 3-3　圆盘形声源声场指向性示意图

2）传播特性

（1）波形。

　　超声波能够在任何弹性物体（液体、固体和气体）中传播，介质的弹性决定着波的形式。根据介质中质点的振动方向和声波的传播方向是否相同，超声波的波形可分为横波、纵波、表面波和兰姆波。质点振动方向与传播方向垂直的波称为横波，只能在固体中进行传播；质点振动方向与传播方向一致的波称为纵波，由于波在沿着波前进的方向传播时会出现疏密不同的部分，所以也可称为"疏密波"；表面波又称瑞利波，只能在固体表面进行传播，波的质点振动介于纵波与横波之间，振幅随着深度的增加而迅速衰减；考虑地球旋转作用，在静力平衡大气中还可以产生一种只沿水平方向传播的特殊声波，称为兰姆波。

（2）声速。

　　超声波以一定的速度在介质中传播，声速 c、波长 λ 与频率 f 之间存在公式（3-1）的关系：

$$c=\frac{\lambda}{f} \qquad\qquad (3-1)$$

　　在不同介质中，纵波、横波、表面波的传播速度是不同的，这主要取决于介质的弹性常数和介质密度。以横波波速为标准，通常认为纵波声速约为横波声速的两倍，表面波声速约为横波声速的 90%，而且不同温度下声速也会出现变化和差异。

（3）反射和折射。

如图 3 - 4 所示，当超声束所遇界面的直径大于超声波波长时，声波从一种介质传播到另一种介质，在两种介质的分界面，会发生反射和折射现象。声波透过界面时将发生折射和波型转换，其方向和强度也要发生变化，变化的大小决定于两种介质的声阻抗值和原波的入射方向：以某一角度入射时，反射角等于入射角，反射声束与入射声束方向相反；垂直入射时，会发生垂直反射现象。而进入另一介质的超声波在继续传播的过程中，会遇到不同声阻的介质，发生多次折射，被检测物体的密度越不均匀、界面越多，发生的折射次数越多。

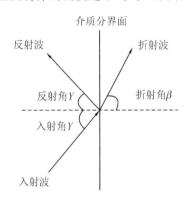

图 3 - 4　声波的反射与折射

（4）超声波的衰减。

由于介质对声波的扩散、散射及吸收作用，随着超声波传播距离的增加，其能量将逐渐衰减。经过气体介质时，声波被吸收的程度最大，衰减现象最严重，其次分别是液体和固体。根据声波衰减原因的不同，可将其分为扩散衰减、散射衰减和吸收衰减。扩散衰减是指超声波能量随着波阵面的不断扩大而逐渐扩散，单位面积获得的能量减小，听到的声音逐渐减弱；散射衰减是超声波在介质中传播时遇到声阻抗不同的异质界面时产生反射、折射和波形转换现象而引起的衰减，其衰减速度受多重因素的影响，包括扩散角大小、超声波频率、换能器直径等；吸收衰减是指超声波在传播过程中，由于介质本身存在的黏滞性，导致声能因质点之间的摩擦而转化为热能，吸收衰减与声波的频率成正比，频率越高的超声波越容易被吸收，通常以衰减系数 α 来表示不同介质中声波的衰减程度。

2. 超声波传感器的工作原理

超声波传感器是一种利用晶体的压电效应、电致伸缩效应和磁致伸缩效应，将机械能与电能相互转换，实现对各种参量的测量的可逆换能器。超声波传感器主要有压电晶体（电致伸缩）及镍铁铝合金（磁致伸缩）两类，其中压电陶瓷超声传感器作为一种压电超声换能器，发展得较为成熟。超声波传感器主要由发送部分、接收部分、控制部分和电源部分组成。其中，发送部分由发送器和换能器构成，换能器可以将压电晶片因受到电压激励而发生振动时产生的能量转化为超声波，发送器一般是陶瓷振子，可以将产生的超声波发射出去，除了穿透式超声波传感器外，其他发送器的陶瓷振子还可以用作接收器；接收部分由换能器和放大电路组成，换能器接收到反射回来的超声波，由于接收超声波时会产生机械振动，换能器可以将机械能转换成电能，再由放大电路对产生的电信号进行放大；控制部分对整个工作系统进行控制，首先控制发送器部分发射超声波，然后对接收器部分进行控制，判断接收到的是否为自己发射出去的超声波，最后识别出接收到的超声波大小；电源部分是整个系统的供电装置，通常采用12～24 V(可以上下有10％的活动量)的外部直流电源，经内部稳压电路处理后供传感器正常工作。这样，在电源部分和控制部分的作用下，发送器与接收器两者协同合作，完成传感器所需的感知功能。

为了以超声波作为检测手段，必须要实现超声波的激发和接收。

(1) 超声波的激发。

超声波的激发以逆压电效应为基础，对压电晶体沿着电轴方向施加适当的交变信号，由于声场的作用，压电晶体内部正负电荷中心发生位移，这一极化位移使材料内部产生应力，导致压电晶体发生交替的压缩和拉伸，从而产生振动，振动的频率和交变电压的频率相同。若把晶体耦合到弹性介质上，则晶体将产生一个超声源，进而将超声波辐射到弹性介质中。晶体超声探头就是利用压电晶体的逆压电效应将脉冲电压转换成超声波脉冲，从而构成了超声波源。

(2) 超声波的接收。

超声波的接收是以正压电效应为基础的，压电晶体在外部拉力或压力的作用下将引起晶体内部原来重合的正负电荷中心发生相对位移，在相应的表面上表现为符号相反的表面电荷，其电荷密度与应力成正比。简单来说就是，超声波能够在压电晶体上产生一定大小的声压，从而在压电晶体两端产生正比于声压的电压信号，即在超声探头上产生相应的脉冲电压信号，利用这一原理就可以确定超声反射回波的大小，实现反射回波信号的采集。

发射电路和接收电路是超声波传感器中最为关键的组成部分，敲击超声波振子是产生超声波最为直接简单的方法，但是这种方法须要有外界的参与，而且不能持久输出，所以在实际使用中通常采用电路辅助的手段根据需求选取相应的振荡电路，产生不同频率的超声波信号。

目前应用较多的压电式超声波传感器如图3-5所示，下面以这种传感器为例，对压电式超声波传感器的工作原理进行解释说明。

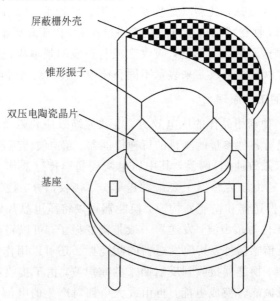

图3-5　压电式超声波传感器内部结构

在图 3-5 中，压电式超声波传感器的主要元件是两个压电陶瓷晶片及一个锥形振子，其发射端是利用压电晶体的逆向压电效应工作的，即在它的两极外加驱动脉冲电压信号，压电元件发生变形就可以引起空气的振动，当触发信号频率与压电晶片谐振频率相等时，压电晶片振动的振幅最大，同时带动锥形振子发生振动，进而向外发射超声波，超声波以疏密波方式传播，再由超声波接收器接收。

3.3.2　超声波传感器应用

超声波传感器的应用非常广泛，涉及工业、军事、航空航天、生产生活等领域的方方面面。比如，可以用来对集装箱状态进行探测，将超声波传感器安装在塑料熔体罐或塑料粒料室顶部，当向集装箱内部发出声波后，就可以根据回波信号分析集装箱的负载状态，如满载、空载或半载等；可以用于对透明物体、液体、表面粗糙、光滑和不规则物体的检测，（在这种情况下，需要考虑传感器的工作环境，因为这种传感器不适合用于对室外高温环境或对压力罐及泡沫物体的检测）；可以用于食品加工厂，实现对塑料包装过程的闭环控制检测，配合新型技术手段可以工作于潮湿环境（如洗瓶机）、噪声环境、温度极剧烈变化的环境等；可以用于探测液位、探测透明物体和材料、控制张力以及测量距离等场景，主要对包装、制瓶、物料搬运、塑料加工等实现检测工作，在流程监控、缺陷检测、产品质量监测等方面发挥重要作用。下面以几个最为重要的应用场景为例，对超声波传感器的使用进行说明。

1）距离测量

超声波传感器用于距离测量时的简化原理图如图 3-6 所示。从图 3-6 中可以看到，超声波传感器的发射电路向外发出的超声波，在遇到障碍后会返回到接收电路中，以传输时间为依据，就可以计算确定传感器与被测物体之间的距离。目前，超声波测距通常采用连续波方法和脉冲回波方法，前者通过测量发射波和接收波之间的相移来获取时间信息，后者通过单片机或者 DSP（数字信号处理）的时间计数器求得相关函数的最大值来获取时间信息。超声波传感器用于测距系统，原理简单、数据处理速度快、设备安装与维护便利，可以广泛地应用于精确测距、机器人避障及液位测量中。由于超声波波速与温度有关，在测距精度要求较高的场合，可以通过温度补偿的方法加以校正。

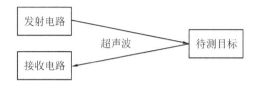

图 3-6　超声波测距简化原理图

2）无损探伤

超声波无损探伤技术结合了超声波的多重性质，是超声波的典型应用之一，能够逐步实现对材料缺陷的检测、定位、大小判断等操作。探伤的基本原理是首先根据超声波的反射特性判断材料缺陷是否存在，然后利用声束的指向性对缺陷进行定位，最后通过分析超声波反射声压或穿透声压的大小来鉴别材料缺陷的情况和程度。相比于传统的射线探伤模式，超声波无损探伤的优势在于不会对被测工件造成外在的伤害，以免影响工件的后续使用，而且除了能够检测出零件表面存在的缺陷外，还可以确定零件内部一定深度处可能存在的缺陷，且检测灵敏度高、周期短、对人体没有任何危害，非常适合应用于现代医学检测中。另外，为了充分发挥超声波无损探伤技术的优势，对于被测工件，首先要求其表面要平滑，而且受限于对于缺陷类型的判定方法或标准只被少数具备丰富经验的人员掌握的情况，所以这种方法目前更适合用于对厚度相对较大的工件的探伤。如果希望实现对薄板的探伤目的，可以采用超声兰姆波来进行，这种方法能够克服传统超声波在工件探伤中的弊端，灵敏度也很高。

与光波类似，声波也可以用于成像，因为零件缺陷处的声学特性与周围介质不一定相同，声波在传播过程中如果遇到了内部缺陷或组织会发生散射现象，产生带有物体内部结构声学特性信息的回波信号，这些信号经过信息处理后可以转换为在显示器上能被人眼分辨的图像内容，医学中常见的 B 超检测项目就是利用超声成像的原理实现的。

3）液体浓度检测

由声学原理可知，超声波在液体中的传播速度是关于液体弹性模量与自身密度等变量之间的函数，传播速度会因液体弹性模量及自身密度的改变而变化，那么可以通过检测不同液体弹性模量和自身密度的条件下的超声波实际传输速度，确定液体的浓度信息。例如，当采用超声波传感器对酵母浓度进行检测时，需要首先明确酵母细胞浓度大小和超声波在液体中传播时间、液体温度之间的关系模型，同时考虑针对测量过程中所有可能的影响因素的解决方案，就可以完成对酵母浓度的实时测量任务。

4）流速检测

超声波流速检测是通过检测流体对超声束的影响来完成的。超声波在流体中传播时会携带有关流体流速的信息，通过接收到的超声波就可以检测出流体的流速，进而换算成流量信息。超声波流量计有很多种类型，根据测量原理的不同，可以分为传播速度差法、多普勒法、波束偏移法、噪声法等。超声波流速检测方式测量的准确度高，而且便于制成便携式测量仪表，可以很好地解决其他类型仪表中存在的针对大流量流体测量困难、造价高、能损大、安装困难等问题，在业内受到越来越多的重视，检测设备也逐渐向着系列化、通用化的方向发展。根据不同环境要求设计的标准型、高温型、防爆型、湿式型仪表可以满足在不同介质、不同场合和不同管道条件下的流量测量要求。超声波流速检测技术同样适用于液体、液固两相和气体的测量，鉴于其非接触式测量的特点，加之合理的电子线路辅助，也可以拓展为对多种管径和流量范围测量的任务，在医疗、海洋观测、河流、工业管道的各种测量需求中应用广泛。

5）其他应用

中国陆地面积约为 960 万平方公里，其中山地、高原和丘陵约占陆地面积的 67％，山地或丘陵地貌崎岖复杂、起伏较大、坡度陡峻，地理情况难以掌握，在绝大部分地区无法利用人力实施地理测绘作业任务，所以已经出现利用超声波传感器结合人工干预的模式进行地理测绘的应用，这样既可以保障测绘人员的安全，也能够提高作业的水平和效率。

思考题与习题 3

3 - 1　简述振动传感器的机械接收原理。

3 - 2　简述衡量声呐系统性能的主要指标。

3 - 3　举例说明声呐的军事应用方式。

3 - 4　简述超声波的传播特性。

3 - 5　简述超声波传感器的测距原理。

第4章　视觉传感系统

4.1　机　器　视　觉

4.1.1　机器视觉概述

　　机器视觉是用机器模拟生物微观和宏观视觉功能的科学和技术，或者说是使用机器来模拟人眼所具备的测量、判断等基本功能，无论是机器视觉技术本身还是对这一技术的广泛应用，自 2015 年以来都发展得十分迅猛。机器视觉系统使用的是非接触式光学传感设备，通过图像摄取装置获取现实中目标物体的单幅或多幅图像，并转化为图像信号，经过图像处理系统后得到目标的特征信息，最终转变为图像的数字信号。图像处理系统通过各种运算手段对所获取的图像提取有价值的目标特征，建立现实世界的模型，从而对客观世界进行观察、分析、判断与决策。

　　机器视觉技术的发展历史可以追溯到 20 世纪 50 年代，当时针对二维图像的模式识别技术开启了机器视觉研究的新篇章。随着技术的逐步升级进步，成像及研究的目标对象由最初的积木世界扩展到桌椅等室内景物，但对目标图像的处理技术，如预处理、边缘检测等基础性处理手段至今仍在使用。进入 20 世纪 70 年代后，一些更为实用的视觉系统逐渐成熟，David Marr 提出了一个统一的研究视觉的理论框架，提出研究计算机视觉的三个层面(计算理论、表达和算法、硬件实现)为今后的机器视觉研究打下了良好的基础，同一时期机器视觉形成了从二维图像中提取三维信息、序列图像分析和运动量参求值、视觉知识的表示等几个重要分支。20 世纪 80 年代以来，对机器视觉的研究热潮席卷全球，处理器、图像处理等技术的飞速发展更是为机器视觉的蓬勃发展提供了新的契机，国内在这一时期完成了机器视觉的第一批技术引进，首先在工业领域进行了技术研发和应用尝试。在工业智能化生产中应用机器视觉技术，可以充分发挥机器视觉的多种优势：

　　① 可以借助机器在非接触的状态下进行测量，也可以针对人工难以检测的区域进行测量。

　　② 相比于人眼，机器对光的敏感度更高，机器视觉系统可以用于对人眼无法识别的红外及微弱光的检测，有效避免了人眼检测的缺陷，在一定程度上拓展了人眼的视觉范围。

　　③ 机器不会出现视觉疲劳，可以维持长期稳定的工作状态。

　　④ 机器视觉技术的形式可以在一定程度上节约人力资源，为企业节省生产成本，实现增收的目的。

　　20 世纪 90 年代，机器视觉技术已经在人脸识别、指纹识别、虹膜识别等诸多领域取得了突破性进展。进入 21 世纪后，研究人员仍然对机器视觉保持着高度的研究热情，伴随着新技术的不断涌现，基于统计学模型的机器学习技术获得了快速发展，机器视觉的实现形式得到了大范围的拓展，随之而来的井喷式应用更是为经济发展带来了巨大的机遇和推进。

4.1.2　机器视觉的应用

机器视觉的应用范围十分广泛，主要可以划分为工业应用和科学研究两个主要方向。

在工业应用领域，由于视觉环境固定可控，机器视觉任务单一明确，机器视觉系统可以实现大批量的持续性生产活动，显著提高生产的自动化程度，从生产效率和产品精度两个方面为企业带来实质性的经济增长和技术革新。机器视觉在工业中的主要作用是工业检测和机器人视觉，前者包括外观缺陷检测、尺寸检测、面积检测等，检测结果将会作为生产过程的重要指标，与生产效率和生产质量密切相关；后者主要用于指导机器人的大范围操作，通过与传感器技术的结合，还可以解决机器人小范围操作的问题。

在科学研究领域，视觉环境复杂不可控，任务未知且不明确，所以机器视觉系统在工业领域应用中所取得的成果比科研领域更为丰硕。机器视觉在科研领域主要用于目标的运动和变化规律分析、材料分析和生物分析等，在享受到机器视觉为工业领域带来的进步和收益后，经过数十年的不断发展，机器视觉技术的应用已经逐步拓展到消费电子、汽车制造、光伏半导体等多个行业，人脸识别、视频监控分析、智能驾驶技术、医疗影像诊断等机器视觉技术也正在逐渐渗入到人类生产和生活的方方面面，大幅提高了生产自动化程度和生活智能化程度，带动了社会生产力的整体发展。

图 4-1 较为全面地展示了机器视觉中用于检测的各种应用场景，其中约 40% 以上存在于半导体和电子行业，如对电镀的不良检测、器件污点检测、仪表按键位置错误检测等。在包装行业，机器视觉的检测功能可用于污点检测、二维码读取和 OCR 字符识别等；在医疗行业，可以用于医学图像分析、染色体分析、内窥镜检查和外科手术等；在交通行业，可以用于流动电子警察、十字路口电子警察、电子卡口和治安卡口等；而在军事上，机器视觉一般用于武器制导、无人机和无人战车的驾驶等。机器视觉在各行各业充分发挥着无可比拟的优势，极大地提升了行业的技术水平。

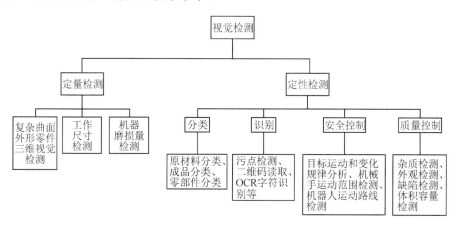

图 4-1　机器视觉的应用

机器视觉检测技术较为复杂，涵盖了电子学、光电探测、图像处理等基础技术学科。机器视觉的引入，助力了工业测量领域对物体(产品或零件)三维尺寸或位置的快速测量。由于明确、特殊的工程应用背景，视觉传感与检测系统和普通的计算机视觉、模式识别、数字图像处理技术相比，有着较为明显区别，如：

① 应用环境的特殊性。对于一个给定的系统，视觉检测时的照明、位置、颜色、数量、背景等条件都需要仔细加以调试。选择合适的工作条件有利于与实际系统的融合，可大大简化后续处理过程。

② 检测目标的专用性。作为一个面向特定问题的系统，一般并不需要对目标物体进行三维重建，只需针对某个具体明确的目标，选择特定的算法和设备，作出决断即可。由于检测环境可选择，检测目标明确，视觉检测系统可以获得更多先验知识的指导，在算法的选择、目标特征的确定上可以事先确定好很多参数，降低算法的复杂度。

③ 检测系统的实用性、经济性和安全可靠性。机器视觉检测系统首先要求能够适应恶劣的工业生产环境，同时满足分辨率和处理速度方面的要求，性价比合理；其次要具备通用的工业接口，允许工作人员的手动操作；最后要求具备较高的容错能力和安全性，不能对工业产品本身带来破坏或干扰。

4.2　视觉传感器

4.2.1　视觉传感器原理

1. 视觉传感器系统

将图像采集单元、图像处理单元、图像存储单元、通信接口单元和图像处理软件集成于一体的视觉传感器系统（如单一相机内部的综合体设备）如图 4-2 所示，视觉传感器使得相机能够完全替代传统的基于 PC 的计算机视觉系统，独立地完成预先设定的图像处理和分析任务。

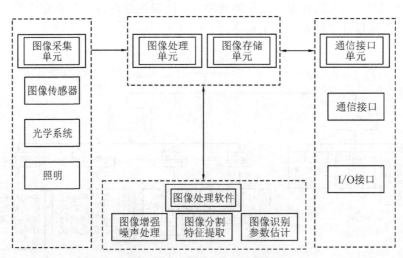

图 4-2　视觉传感器系统构成图

图像是人类视觉信息传递的主要载体之一，系统中技术含量相对较高的图像处理单元是指通过取样和量化过程将一个以自然形式存在的图像变换为适合计算机处理的数字形式，完成诸如图片直方图、灰度图的显示，或者通过图像增强或复原技术完成改进图片质量的图片修复任务等。图像处理单元是进行图形绘制、图像及视频处理和显示的关键模块，在各种需要对窗口系统、图形界面、游戏场景、图像应用和视频播放等场景进行加速的系统中有着广泛的应用。随着科学技术的不断发展以及应用场景的不断复杂化，对图像处理单元的性能也提出了更高的要求，对于连续的动态场景，数据中存在大量的静态背景信息，在检测分析任务中通常将这类信息视作冗余数据，其不仅大量消耗了处理器的有限数据传输带宽，而且给后续的处理过程带来了很大的数据量压力，目前已经成为制约图像处理技术进一步发展的瓶颈。在下一小节中，将会详细说明视觉传感器中比较重要的概念和技术手段。接下来将首先重点介绍视觉传感器中另一个非常重要但是又经常被忽略的模块——照明系统。照明系统被视为视觉传感器最重要的组成部分，不合适的照明系统会导致很多问题的出现，如曝光过度会导致重要信息内容的溢出，目标阴影会引起边缘的检测误差，信噪比的降低与不均匀的照明会导致图像分割中阈值选择的困难，等等。而设计恰当的照明系统能够改善整个系统分辨率，获得最大目标背景对比度的采集图像，从而简化软件运算过程，降低对软件性能的依赖，降低设计开发成本。照明系统的主要任务就是以恰当的方式将光线投射到被测物体上，使被测物体和背景尽可能明显地区别开来，最大程度提升摄取图片的质量以及后续检测的效率和准确率。以电子元器件的视觉检测为例，在一般的光照条件下，元器件表面的字迹显示很不清晰，采集到的图像成像质量不高、对比度较差，必然会导致识别算法的检测准确度和精确度无法达到理想的状态，也会为算法性能的改进和提升带来先决的噪声干扰。不过，在不断追求如何利用识别算法提高检测精确度和准确度之前，首先尝试对照明系统的光线策略进行调整就能够达到事半功倍的效果。

　　1）光源的选择

　　传统的光源选择方法有经验选择法和实验选择法，前者依赖于操作人员的实践经验，后者需要进行不断的方案尝试和方案调整。经验选择法强调，操作人员在选择时需要考虑多种影响因素，如被检测对象的材质、颜色、表面粗糙度等；不同应用场景对光源的要求，如光源的强度、偏振、均匀度、方向、稳定性、大小和形状等；考虑市场现有光源的类型和特点等，综合地选择最为合适的光源类型。这种方法的最大弊端是，人类往往会受到环境等外界因素的影响，使得选择结果不可避免地存在一定的主观性和不确定性。为了最大程度地减少这种方法可能带来的风险和隐患，实验选择法应运而生。实验选择法是对现有的光源设备逐个尝试，或者在专业的光源实验室里通过调节入射光波长、入射角等措施，对实验结果进行观察，从而选择合适的光源。

　　虽然机器视觉系统使用的光源种类较多，但是使用比较频繁的常见光源主要为荧光灯、卤素灯、LED 灯、氙灯等，而白炽灯、日光灯等光源因为不能满足长期稳定的工作要求，一般不会被选择用于视觉传感系统中。表 4-1 对比了上述几种常见光源的典型特性指标，从中不难发现，荧光灯价格便宜、亮度较亮、稳定性较好，比较适合用于获取低标准的大面积图像；卤素灯稳定性较差，但亮度很高，在对光源亮度要求较为严格同时检测项目较少的场景中是比较理想的选择；LED 灯由于可以实现灵活的设计，并且具有使用寿命长、能效高、光线稳定、可选择颜色多、运行成本低等优势，应用范围最广，已成为构建视觉系统的首选光源，系统中的 LED 光源一般采用将多个 LED 灯以某一特定形式组合起来的方式对被测物进行照明，所以相较于其他光源，可以针对实际应用需求制作成更多的形状、尺寸，以及选择不同的投射方式（直接型、间接型、密集型）；氙灯稳定性好，颜色一般为白色和蓝色，但是价格较高且寿命较短、功耗高，一般不会作为机器视觉系统的首选光源。

表 4 - 1　几种常见光源特性

光源	颜色	寿命(小时)	亮度	功耗	稳定性	价格
荧光灯	白，黄	500～700	亮	较高	较好	较便宜
卤素灯	白，绿	5000～7000	很亮	高	较差	便宜
LED 灯	白，红，黄，蓝等	30 000～100 000	较亮	低	好	便宜
氙灯	白，蓝	3000～7000	亮	高	好	较贵

2) 照明方式

在设计照明系统时，除了对光源类型进行选择外，还应该从检测物体的特性、检测任务的工作距离、光源的开关模式、视场大小、安装环境、电源的稳定性、经济效益等多个方面进行综合考量。针对每种不同的检测对象，必须采用不同的照明方式才能突出被测对象的特征，更有甚者可能需要采取几种照明方式的组合，往往最佳的光源和照明方式的选择需要通过大量的试验才能找到。表 4 - 2 给出了几种不同照明方式的特征对比，可以作为选择的参考。

表 4 - 2　不同照明方式的特征对比

照明方式	布光特点	优点	缺点	应用场合
逆光照明	光源置于检测对象的背面	能产生很强的对比度	物体表面特征可能会丢失	对透明容器质量或液面高度的检测
连续漫反射照明	半球形柔光罩，提供均匀照明	能产生较大范围的均匀照明；阴影小	体积较大，难于包装	对不平整或弯曲表面的检测
区域照明	提供局部区域的照明；视野内被光源照射到的区域为亮域，照射不到的区域为暗域	能对检测对象的细微纹理及特征进行成像	对比度较弱，亮度较低	对表面突起部分或纹理的检测
结构光照明	有方向性，投影在物体表面时有一定的几何形状	对比度高，检测面较大	体积较大	对表面光滑度或平整度的检测
多轴照明	多个同轴光源进行组合，实现多重照明	根据不同特征对象提供不同的光比，光照十分均匀；能检测到细微的纹理变化	体积大，结构复杂，工作距离短	对复杂的表面纹理和角度的检测

2. 视觉传感器关键技术

机器视觉系统的信息主要来源于视觉传感器，视觉传感器采集到的数据信息包括数以千计的像素值。事实上，图像的清晰和细腻程度与像素数量密切相关，通常用分辨率来衡量。电荷耦合元件(CCD，Charge-Coupled Device)能够将光影图像信号转换为数字信号，是摄像机、图像传感器或图像控制器的重要组成部分，也是视觉系统获取三维信息的最直接数据来源。在视觉传感系统中，成像系统的建模是指建立摄像机像面坐标系与测量参考坐标系之间的变换关系。视觉传感器成像的数学模型建模准确度会直接影响系统最终的测量精度，建立的模型越接近测量实际并且模型参数越能够准确地标定出来，系统的测量精度也就越高。

1) 成像坐标变换

成像坐标变换是指不同坐标系之间的变换，在解释这种变换关系之前，首先需要讨论参照系的基本概念。为了用数值表达一个物体的位置信息，可以在参考物体上设置一种参照系，以便于观察和尽可能简化对运动的描述为原则来任意选择坐标系。如何从三维场景转换成二维的数字图像是成像系统的关键步骤之一，为了处理三维世界与二维图像之间的转化关系，需要了解如图 4-3 所示的四种参照系之间的成像变换过程。

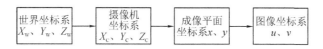

图 4-3　坐标系转换关系流程图

（1）世界坐标系。

世界坐标系由三个相互垂直并且相交的坐标轴 X、Y、Z 组成，可以用来描述摄像机和物体的位置信息。摄像机坐标系和世界坐标系之间的关系可用旋转矩阵 $\boldsymbol{R}$ 与平移向量 $\boldsymbol{t}$ 来描述，空间中任意一点 $\boldsymbol{P}$ 在摄像机坐标系和世界坐标系下的齐次坐标分别为可以表示为 $(X_C, Y_C, Z_C, 1)^T$ 和 $(X_W, Y_W, Z_W, 1)^T$，二者之间满足如下关系：

$$\begin{bmatrix} X_C \\ Y_C \\ Z_C \\ 1 \end{bmatrix} = \begin{bmatrix} \boldsymbol{R} & \boldsymbol{t} \\ \boldsymbol{0}^T & 1 \end{bmatrix} \begin{bmatrix} X_W \\ Y_W \\ Z_W \\ 1 \end{bmatrix} = \boldsymbol{M}_1 \begin{bmatrix} X_W \\ Y_W \\ Z_W \\ 1 \end{bmatrix} \tag{4-1}$$

其中，$\boldsymbol{R}$ 是 3×3 的旋转矩阵，$\boldsymbol{t}$ 是 3×1 的平移向量，$\boldsymbol{0}^T$ 为 $(0, 0, 0)$，$\boldsymbol{M}_1$ 是两个坐标系之间的联系矩阵。

（2）摄像机坐标系。

摄像机坐标系是用来建立摄像机和对象间关系的坐标系，如图 4-4 所示，摄像机坐标系同样是由 X、Y、Z 三个坐标轴组成的三维坐标系，X_C 轴、Y_C 轴与图像的 x、y 轴平行，Z_C 轴为摄像机的光轴，与图像平面相垂直，摄像机光轴与图像平面的焦点是成像平面坐标系的坐标原点 O_1，O 点表示摄像机的光心。由 O 点与 X_C、Y_C、Z_C 轴组成的直角坐标系就称为摄像机坐标系，OO_1 为摄像机的焦距。

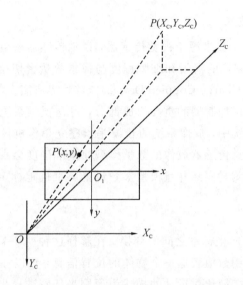

图 4 - 4　摄像机坐标系与成像平面坐标系的转换关系

（3）成像平面坐标系。

成像平面坐标系是一种以物理单位（例如厘米）来表示某像素在图像中的物理位置的坐标系，一般可以用(x,y)来表示。在成像平面坐标系中，坐标原点定义在摄像机光轴和图像平面的交点 O_1 处，也可以称为图像的主点（Principal Point），主点一般位于图像的中心处，但是由于摄像机制作工艺的原因，可能会出现一些偏差。

（4）图像坐标系。

摄像机采集的图像以 $M \times N$ 的二维数组格式存储，如图 4 - 5 所示，图像坐标系是在图像上定义的一种二维直角坐标系，原点位于图像的左上角，坐标(u,v)表示像素位于数组中的列数与行数。

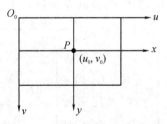

图 4 - 5　图像坐标系

在图像坐标系中，如果参考坐标 P 点的位置为(u_0,v_0)，每个像素在 x 轴和 y 轴方向上的物理尺寸为 $\mathrm{d}x$、$\mathrm{d}y$，那么任意一个像素位置可以由公式（4 - 2）和公式（4 - 3）计算求得。

$$u = \frac{x}{\mathrm{d}x} + u_0 \tag{4-2}$$

$$v = \frac{y}{\mathrm{d}y} + v_0 \tag{4-3}$$

结合齐次坐标与矩阵，可以将上式表示变换为公式（4 - 4）的形式。

$$
\begin{bmatrix} u \\ v \\ 1 \end{bmatrix} = \begin{vmatrix} \dfrac{1}{\mathrm{d}x} & 0 & u_0 \\ 0 & \dfrac{1}{\mathrm{d}y} & v_0 \\ 0 & 0 & 1 \end{vmatrix} \begin{bmatrix} x \\ y \\ 1 \end{bmatrix}
\tag{4-4}
$$

2）相机成像模型

在非常理想的状态下，如果可以忽略光线的影响，可以利用针孔模型来表示世界坐标系与真实坐标系之间的关系，这种关系也称为中心射影或透视投影，是一种线性成像模型。在针孔模型的成像系统中，实际的图像会通过比较小的孔投射到摄像机中，大部分的投影点都会分布在摄像机的中心点附近。

但是在实际环境中，成像系统会不可避免地存在各种干扰因素，如径向失真、偏心失真等，使得成像内容被扭曲。当像点、光心和物点不在同一条直线上时，成像模型会呈现一种非线性的关系。

3）相机的标定

根据应用需求的不同，视觉检测系统有时不仅需要对缺陷目标完成定性检测，还可能需要更进一步的定量检测。相机标定的目的是建立起在三维世界坐标系和二维图像坐标系之间的投影关系，根据投影关系可以实现从二维图像信息中推导出三维世界中物体的位置、形状等几何信息的目的，相机的标定精度将会直接影响系统最终的检测精度。目前，相机的标定方法主要有三种，分别是传统的借助标定板的标定方法、自标定法和规定路径的主动视觉标定法。

3. 图像信息处理

视觉传感器的图像信息处理是指，为了从图像中获取有用的信息，利用计算机技术对数字图像进行处理的技术。在图像采集的过程中，由于受到外界环境的干扰和相机自身物理条件的影响，不可避免地会存在噪声、成像不均匀等情况，为了获取图像中较为准确的特征信息，必须进行有效的图像处理操作。视觉传感系统的图像处理流程如图 4-6 所示，其中图像处理是图像识别的基础，强调的是图像与图像之间的转换关系，图像识别则是利用计算机手段对图像进行分析与理解，达到识别不同模式与对象的目的。图像处理的具体步骤包括图像预处理、图像分割、图像特征提取和图像匹配。

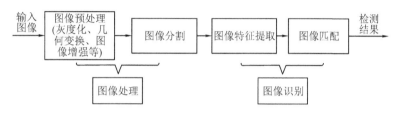

图 4-6　图像处理流程图

1）图像预处理

图像预处理的目的是消除图像中的冗余信息，恢复有价值的真实信息，简化数据表达缩减数据量,增强相关信息的可检测性,从而优化图像分割、图像特征抽取,提高图像匹配的可靠性,降低算法复杂度的同时提高识别效率和准确率。预处理方案没有统一的标准,需要根据待处理图片的类型、格式、大小、质量情况,进行定制化设定。图像预处理的主要方法有灰度化、几何变换、图像增强等,下面逐一进行说明。

(1) 灰度化。

彩色图像所包含的信息量较大,如果直接对彩色图片进行识别分类过程,算法十分复杂,计算结果的准确度和精确度也无法保障。必须在进行高级算法层面处理之前,对输入系统的图像进行相关预处理操作,剔除无用信息和明显的错误信息,使数据内容实现标准化,降低后续算法的计算量。灰度化是指针对彩色图像的 RGB(红、绿、蓝)三个通道同时进行处理,在不改变原始图像信息的基础上,将 RGB 图像转换为灰度图像的方法。在 RGB 色彩空间模型中,如果 R=G=B,融合后就会呈现一种灰度颜色,R=G=B 的值称为灰度值(又称强度值、亮度值),所以灰度图像的每个像素只是由一个字节来表示,灰度值的取值范围为 0～255。常见的灰度化方法有分量法、最大值法、平均值法、加权平均法等。

(2) 几何变换。

包含同样内容的两幅图像可能由于成像角度、透视关系等因素的不同呈现出完全不同的成像效果,影响系统的识别结果。适当的几何变换手段可以最大程度地消除几何失真带来的影响,使得算法可以集中处理图像的有效内容。几何变换一般包括对图像的平移、镜像、转置、旋转和缩放等变换,常采用插值法对图像的空间变换进行修补,纠正变换导致的图像偏差。

(3) 图像增强。

在采集、成像、传输等一系列图像采集过程中,由于受到设备、环境、操作等因素的影响,图像的质量会逐级发生一定程度的退化。有目的地增强图像的整体或局部特性,将原本模糊的图像清晰化处理或者突出某些感兴趣的特征,扩大图像中不同物体的特征差异,筛除无关特征,这便是图像增强的目的。图像增强技术可以改善图像质量、提高图像清晰度、丰富目标物信息量,使图像中物体的轮廓更加清晰、细节更加明显,进而加强对图像的判读和识别效果,在某些特殊场景或应用中是不可或缺的处理过程。常见的图像增强方法包括灰度变换法、直方图修正、滤波等。

2) 图像分割

图像分割就是把图像分成若干个特定的、具有独特性质的区域,提取出感兴趣目标的技术和过程,这里的特性可以是图像的颜色、形状、灰度和纹理等。目前,图像分割的方法主要有基于区域特征的分割方法、基于相关匹配的分割方法和基于边界特征的分割方法等,可以根据图像条件进行选择。方法各有优劣,使用范畴各不相同,但是最终目的都是要将实际操作中外部因素的影响降到最低,使图像分割得更加精准。通过对各种方法的有机结合和适当改造,构成多级分割体系,不失为一种极具创新意识的处理方法。

3) 图像特征提取

图像的特征通常包括目标的颜色、纹理、形状以及图像各部分之间的空间关系等,图像特征提取就是提取目标图像的上述特征或者改进特征,提取质量的优劣将严重影响到图像识别的精度和效率。

（1）颜色特征。

颜色特征是目标的整体特征之一，描述了图像区域中各个物体的表面特征属性。常规的颜色特征就是指像素点的特征，所以这种特征对图像的整体方向、大小等属性并不敏感，比较适合用于对特征点的捕捉，在对图像局部特征的捕捉中存在一定的局限性。

（2）纹理特征。

纹理特征也是图像区域中物体的表面特征属性，是图像中的底层特征内容，并不能完整地反映出物体的本质。纹理特征与颜色特征均属于描述目标的整体特征，但是纹理特征的特殊之处在于，它需要同时处理一块包含有多个像素点的图像区域。针对局部区域提取的特征，抗干扰性强，即使存在局部的误差也不会对最终的匹配带来严重的影响。基于此，纹理特征更适合用来区分纹理属性明显，粗细、疏密等方面存在较大差异的图像内容。

（3）形状特征。

形状特征是图像的一种高级视觉特征，较前两种特征，能够表达的范围更广、层次更高，它可以捕捉目标物体的本质信息，信息不会因光照等外在环境的影响而发生变化，抗干扰能力相对更强。形状特征的提取方法可以根据形状要素分为基于轮廓的方法和基于区域的方法两种。基于轮廓的方法是将目标物的边缘轮廓信息作为重点，针对物体的外边界进行识别和提取。根据对不同轮廓信息的捕捉方式，基于轮廓的方法又可以细分为全局方法和局部方法，全局方法通常是将目标物的形状视为一个整体，并利用一个单一的全局描述子来表示出来，这类方法对噪声信号不敏感，所以无法捕捉到更为精细的特征内容；局部方法由于具有较强的抗干扰性，使用更为普遍，很多经典成熟的算法至今仍在发挥着重要的作用。基于区域的方法是利用目标物的内部区域信息来表示形状，与整个形状区域的数据信息息息相关，描述简单的标量区域（如区域面积、矩形度、离心率、方向、细长度等）、区域骨架、区域的矩等都属于基于区域的方法。

（4）空间关系特征。

空间关系特征主要分为两类：图形中目标之间的相对位置关系和每个目标在图像中的绝对位置关系，前者主要描述了目标区域位置之间的相互关系，如连接、重叠、包含等；后者重点关注目标区域之间的距离和位置信息，如上、下、左、右等。通常在实际使用中的思路是，对于空间关系特征的提取，首先存储目标区域的绝对位置信息，然后基于绝对位置推导出相对位置关系。

4）图像匹配

图像匹配是指根据从不同的视角得到的一幅或多幅图像，识别出与目标区域相同或者相似的图像区域的过程，给定的目标区域称为模板图像，与模板图像相类似的图像称为目标图像。图像匹配方法可以分为以灰度为基础的匹配和以特征为基础的匹配两种。基于灰度的匹配方法将图像看作是二维信号，以统计的观点根据空间二维滑动模板来匹配目标图像；基于特征的匹配方法是指，首先分别提取两个或多个图像的特征，然后针对这些特征属性进行识别和匹配步骤，前面描述的颜色、纹理、形状、空间位置等均可选作匹配计算的特征。计算机进行图像匹配的方法和过程与人类思考和推理的过程相似。基于神经网络的深度学习方法为图像匹配应用提供了许多新的技术手段和应用方式，技术的融合和优化为系统各个环节的协调和配合带来了新的创新和助益。

4.2.2　视觉传感器应用

视觉传感器作为重要的视觉信息采集处理模块,在工业生产、生物医学、生活、国防安全、航空航天等领域均被广泛地使用和拓展,如工业生产中的零件质量检测与分类、智能化产品制造、现代物流、智能监控、智能机器人等,生物医学中的微观生物学观测、生命科学观测、医疗影像、医学图像处理等,生活中的安防监控、虚拟现实、机器人视觉、体感游戏、智能交通、智能终端等,国防安全中的机载探测跟踪、光雷达跟踪、光电武器制导等,航空航天中的宇宙天体成像、卫星图像处理、卫星遥感技术等。按照使用的视觉传感器数量,可以将视觉传感系统分为单目视觉传感系统、双目视觉传感系统和多目视觉传感系统等。

1) 单目视觉传感系统

单目视觉传感系统是指只采用一个摄像机拍摄的单张相片作为唯一图像来源的传感系统。这种系统结构简单,很好地规避了双目视觉传感系统的视场小、立体匹配难等问题,可以很好地实现针对一维移动物体的参数测量。在工业生产中,经常应用于生产线上物体的移动测量、目标运动状态识别等。这种传感系统中经常使用的测量方法有几何相似法、几何形状约束法、结构光法和激光辅助测距法等,可以根据测量现场的要求进行方法的选取。

(1) 几何相似法。

几何相似法是在二维空间上实现测量的常用方法,对二维几何位置、形状、形变、位移和速度的测量比较理想。当被测对象的几何参数处于同一平面内,使被测物与摄像系统的光轴相垂直,与成像平面平行,在这种情况下采用几何相似法进行计算是不错的选择。根据透视投影模型原理,将图像参数与实际放大倍数相乘就可以得到物体的实际参数信息。

(2) 几何形状约束法。

针对圆形或圆柱形等特殊形状的被测对象,可以通过充分结合目标在几何形状上的独特约束条件,利用单台相机拍摄的单张图片来确定目标的空间三维姿态。一个比较典型的应用是,在火箭、导弹等靶场环境中,如果图像目标多为圆柱体形状,目标与经纬仪之间存在较远的距离,那么可以采用几何约束法,克服基于多视觉方式可能存在的点匹配问题,直接完成目标三维姿态的获取。

(3) 结构光法。

结构光法是以结构光投射器为光源,产生点、线、面各种结构的光信号,然后用 CCD 摄像机采集图像数据,最后根据三角计算原理得到物体的三维坐标信息。根据光信号结构的不同,分为点结构光测量、线结构光测量和面结构光测量三种。点结构光测量的原理是将半导体激光器作为光源,产生的光束照射到被测物表面上,经过表面的散射(或反射)后,利用面阵 CCD 摄像机接收,那么光点在 CCD 像平面上的位置就可以反映出被测物表面在法线方向上的变化,如图 4-7(a)所示。线结构光测量的原理是半导体激光器产生的激光经柱面镜变成线性结构光,投射到被测区域后会形成一个激光带,再用面阵 CCD 相机接收散射光,从而获得被测物表面被照射区域的截面形状或轮廓,如图 4-7(b)所示。面结构光测量的原理是将半导体激光器发出的激光扩束后照射到光栅上，以产生多个光平面，接着投射到被测表面上形成多条亮带区域，再利用 CCD 摄像机接收信号，从而获取被测表面的三维信息，如图 4 - 7(c)所示。

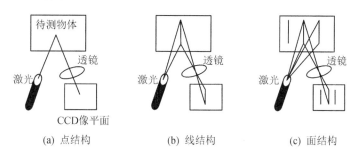

(a) 点结构　　　　　　(b) 线结构　　　　　　(c) 面结构

图 4 - 7　结构光测量原理示意图

结构光测量法可以获得二维或三维坐标信息，在三维测量应用中通常会选择线结构光测量的方式，在被测表面上产生多个光平面；也可以组合多个线结构光传感器，再统一各个光平面的测量参考坐标系后进行结果输出。基于结构光法的测量技术在工业零部件检测、逆向工程、文物数字化以及生物医学等领域应用得十分广泛。

（4）激光辅助测距法。

根据成像原理和特点，单幅图像通常只包含被测目标的二维数据信息，由于缺少被测目标与镜头中心的距离参数，所以无法实现三维层面的测量。为了解决单目视觉传感系统的局限性，同时不增加传感器数量，在进行距离测量的应用中，测距仪成为最常用的测距手段。激光辅助测距法通过将手持激光测距仪和单目视觉传感系统集成在一起，将摄像机拍摄的单幅图像中包含的二维信息和测距仪测距得到距离信息统一起来，再经过综合计算得到待测目标的三维坐标信息。

2）双目视觉传感系统

在了解了单目视觉传感系统的工作原理及技术特点的基础上，为了准确复原或构建真实的三维场景环境，实现更加丰富的测量，有研究学者提出了大胆的尝试：通过对单目视觉传感系统的移动或旋转，拍摄同一场景下不同角度的两幅图片，通过对人类视觉感知结构的直接模拟，构建出双目视觉传感系统，从而可以真实有效地捕获场景深度信息。人眼在观察周围环境的时候，双眼只能观察到有限范围内的事物，当需要观察处于身体某一侧的多个目标时，就会形成共同的视野区域，视差由此产生。正是由于视差的存在，人眼才能感受到物体在立体空间中的位置及变化。双目视觉传感系统中，在不同的位置需要放置两台性能相同、位置相对固定的摄像机，这样可以同时采集到同一物体来自不同角度的图像信息，那么通过对比空间点在两幅图像中的"视差"情况，就可以确定场景的深度信息，从而构建出场景的三维结构。根据摄像机摆放位置及光轴是否平行，双目视觉传感系统可以分为平行双目结构模型以及非平行双目结构模型。

（1）平行双目结构模型。

如图 4 - 8 所示，平行双目结构模型选取的摄像机采用左右对称的方式放置，两摄像机的光轴相互平行，测量时需要根据拍摄距离调整左右摄像机的基距参数，保证能够在左右摄像机成像面上得到合适的投影视差，满足三维重建的精度要求。平行双目结构模型适用于视场广、精度要求不高的重建场景中。

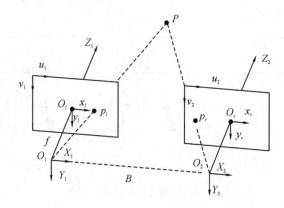

图 4-8　平行双目结构模型原理

（2）非平行双目结构模型。

与平行双目结构模型不同的是，非平行双目结构模型并未对两台相机摆放的位置进行严格的规定。如图 4-9 所示，为了采集到更为理想的原始图像，可以根据被测物体的大小、形状等属性，及时调整摄像机的位置和角度，但这样势必会使这种结构的数学模型较为复杂，图像的匹配分析难度较高，一般需要采用增加公共视野范围的方法提高测量的准确性。

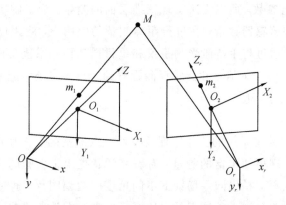

图 4-9　非平行双目结构模型原理

以双目视觉传感系统为基础的三维测量技术中，最具代表性的是新型非接触式测量技术，这种测量技术测量速度快、精度高、范围广，在工业生产现场、3D 场景绘制与重建、车辆预警系统、智能驾驶、航空航天等方面的应用非常理想。随着电子学、计算机技术以及光学技术的不断发展，这项技术可以有效地应用于工业检测、生物医学、虚拟现实等领域的方方面面，如何提高技术的实用性将成为需要进一步研究探讨的问题。

3）多目视觉传感系统

多目视觉传感系统是指采用更多视觉传感器组件的传感系统，主要目标是实现对场景的三维重建。不过，由于双目视觉传感系统的三维测量效果基本能够满足常规的测试要求，出于对技术难度、实施成本等方面的综合考量，多目视觉传感系统在工业上的应用相对较少。智能手机作为生活中必不可少的通信、娱乐设备，为了提高视觉信息的体量和质量，追求成像的极致真实，手机对多目视觉传感系统的使用逐渐增多。根据多目视觉传感器安装方式的不同，可以将系统划分为以下三个类别：

（1）分离式多目立体视觉系统。

这种测量系统利用分布在被测目标四周的多个视觉传感器，对被测目标的三维轮廓或测点的三维坐标同时进行测量。

（2）固定式多目立体视觉系统。

将多个视觉传感器固定在特定的共线支架上，避免了对现场摄像机间的方位参数进行评估，但是这种系统的测量精度与双目系统相比并无明显的改善。

（3）虚拟多目立体视觉系统。

基于光学反射镜成像原理，仅使用一台视觉传感器实现多目立体视觉系统的功能。这种安装方式不仅降低了系统的成本，而且避免了多台高速摄像机拍摄时面临的同步驱动复杂性问题，对小视场范围内物体的测量效果比较理想。

思考题与习题 4

4-1　举例说明视觉传感技术的实际应用领域。

4-2　简述视觉传感系统照明系统的关键要素以及突出被测对象特征的方法。

4-3　简述视觉传感器信息处理的常规步骤。

4-4　列举图像处理的常用方法。

4-5　为什么需要进行图像特征的提取？列举图像中常见的目标特征。

4-6　简述双目视觉测距的基本原理，并分析其技术难点。

第 5 章　神经传感系统

5.1　神经系统概述

认识是主体对客体的反应，主体通过对信息的加工处理，在观念中构建起客体的结构、属性和本质。人们需要从外界获取信息，形成对客观世界的规律性认识，才能逐渐适应环境和改造环境。为了满足人们的需求，人的感觉器官在漫长的进化过程中，形成了具有认识能力的特定构造。神经系统(Neural System)是机体内对生理功能活动的调节起主导作用的系统，主要由神经组织组成，包括中枢神经系统和周围神经系统两大部分，人们的全部生命活动都是处于这张神经网络的监控和支配之下。

5.1.1　神经元

人脑是中枢神经系统的主要组成部分，是由神经元组成并由突触连接起来的系统。神经元，即神经元细胞，是神经系统最基本的结构和功能单位，分为细胞体和突起两部分。细胞体由细胞核、细胞膜、细胞质组成，具有联络和整合输入信息并传出信息的作用。突起包括树突和轴突。树突较短、分枝多，是由细胞体直接扩张突出而形成的树枝状结构，用来接收其他神经元轴突传递来的冲动并传入细胞体；轴突较长、分枝少，通常起于轴丘，是粗细均匀的细长突起，作用是接收外来刺激，再由细胞体将刺激传出。轴突除了分出侧枝外，在其末端还会形成树枝样的神经末梢，末梢分布于某些组织器官或骨骼肌肉内，形成各种神经末梢装置(感受器或运动终端)，比较典型的神经元结构图如图 5-1 所示。

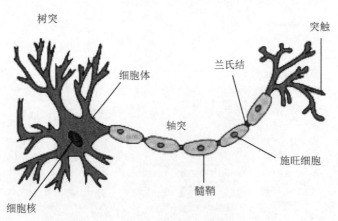

图 5-1　典型神经元结构

神经元有多种分类方式，根据细胞体发出突起的多少，从形态上可以把神经元分为假单极神经元、双极神经元和多极神经元；根据神经元的机能，可分为胆碱能神经元、胺能神经元、氨基酸能神经元和肽能神经元；根据神经元的功能又可以分为感觉(传入)神经元、运动(传出)神经元和联络(中间)神经元。

1) 感觉(传入)神经元

感觉(传入)神经元分布于全身，作用是接收来自体内外的刺激信号，并将神经冲动传到中枢神经。这种神经元，其末梢可以呈现游离状或分化出专门接收特定刺激的细胞或组织。一般来说，传入神经元的神经纤维，进入中枢神经系统后与其他神经元发生以辐散为主的突触联系，即通过轴突末梢的分支与许多神经元建立突触联系(扩大影响范围)，可引起许多神经元同时兴奋或抑制。以反射弧为例，感觉神经元一般与中间神经元连接，可以维持骨骼肌紧张性，作出肌牵张反射，也可以直接在中枢内与传出神经元发生突触联系。

2) 运动(传出)神经元

运动(传出)神经元将神经冲动从胞体经轴突传至末梢，使肌肉收缩或腺体分泌，在中枢神经系统中起到整合作用，使反应更为精确和协调。传出神经纤维末梢分布到骨骼肌，组成运动终端；而分布到内脏平滑肌和腺上皮时，传出神经纤维末梢将会包绕肌纤维或穿行于腺细胞之间。仍以反射弧为例，运动(传出)神经元一般与中间神经元以聚合式连接，即许多传入神经元和同一个神经元构成突触，使许多不同来源的冲动同时或先后作用于同一个神经元。

3) 联络(中间)神经元

联络(中间)神经元接收其他神经元传来的神经冲动，再将冲动传递到另一个神经元中。中间神经元分布在脑和脊髓等中枢神经内，是三类神经元中数量最多的，其排列方式十分复杂，一般有辐散式、聚合式、链锁状、环状等。复杂的反射活动是由传入神经元、中间神经元和传出神经元互相借突触连接而成的神经元链。人类大脑皮质的思维活动就是通过大量中间神经元的极其复杂的反射活动形成的。在反射中涉及的中间神经元越多，引起的反射活动就会越复杂。中间神经元的复杂联系，是神经系统高度复杂化的结构基础。

5.1.2　突触

神经元间信息传递的接触点是突触，突触是将一个神经元的冲动传到另一个神经元或传到与另一细胞相互接触的结构。一个神经元约有 $10^3 \sim 10^4$ 个突触，人脑内的突触点多达 $10^{14} \sim 10^{15}$ 个。突触虽然只是一个接触点，但是却有着微细结构，内部含有神经传递介质，是神经元之间进行信息转换的关键结构。突触形态各异、联结复杂，不仅相邻的两个神经元胞体、树突、轴突中的任何两部分会形成突触联系，而且同一个神经元还可以构成自身突触，在不同脑区，甚至还有一些更为特殊的突触联系。所以神经元所组成的人脑系统，实际上是一个由神经元与神经元、神经元与非神经元之间依照一定方式互相连接而成的复杂神经网络。

突触由突触前膜、突触间隙和突触后膜三部分组成。借助化学信号(即递质)，将信息进行传送的突触称为化学突触，多见于哺乳动物中；而借助于电信号传递信息的突触称为电突触，鱼类和两栖类就有这种类型的突触。根据突触前膜细胞传来的信号，可以使突触后膜细胞兴奋性上升或产生兴奋，或者使其兴奋性下降或不易产生兴奋。按照兴奋状态又可以将突触分为兴奋性突触和抑制性突触。使下一个神经元产生兴奋的突触为兴奋性突触，而对下一个神经元产生抑制效应的突触为抑制性突触。每一个神经元都可以通过突触，把许多来自不同神经元的信息汇聚、加工和发散，实现传导、调节、控制等一系列活动，信息每经过一个突触，就会接受一次加工、综合，经过许多突触的反复不断处理后，信息的内容也会不断得到提高和丰富，信息量随之扩大和明晰。

突触传递是大脑各个区域行使功能的主要基础，大脑中神经元突触间的信号传递又是以神经递质为受体传导的。神经递质传递的基本过程如图 5-2 所示，过程说明如下：当神经冲动传至轴突末梢时，突触前膜兴奋，传递通道开放，信号由突间间隙顺浓度梯度流入突触小体，小体内所含的神经递质开始释放，神经质通过突触间隙扩散至突触后膜，并与后膜上的特殊受体结合，改变突触后膜的电位变化，进而改变突触后膜的兴奋性。突触的信息传递过程具有突触可塑性、单向传导、时间延搁、易疲劳等典型生理特性。

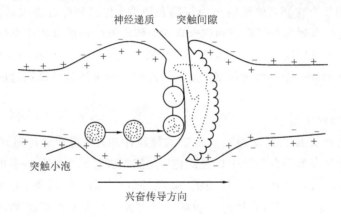

图 5-2　神经递质传递过程

5.2　人工神经网络

人工神经网络（Artificial Neural Network，ANN），简称神经网络（Neural Network，NN）或类神经网络，是一种模仿生物神经网络（动物的中枢神经系统，特别是大脑）结构和功能的数学模型或计算模型，用于对函数进行估计或近似。神经网络由大量的人工神经元相联结，进行信息的传递和计算。大多数情况下人工神经网络是一种自适应系统，能够在外界信息的基础上改变其内部结构。人工神经网络通常通过一个基于数学统计学类型的学习方法实现优化，因此人工神经网络也可以视为数学统计学方法的一种实际应用，通过统计学的标准数学方法能够得到大量的可以用函数来表达的局部结构空间。

5.2.1　人工神经元

生物神经元是脑器官最基本的功能单位，也是构成神经系统结构和功能的基本单位。而在人工神经网络中，用人工神经元来模拟生物神经元，每一个人工神经元都可以从其他人工神经元或外部环境中获取信号，并传递给与之相连的其他人工神经元。图 5-3 是一个完整的人工神经元结构，包含连接权、求和单元和激活函数三个部分，人工神经元收集到的所有输入信号，经过加权计算后产生一个激活函数的输入信号，最后计算出人工神经元的输出信号。

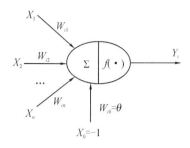

图 5-3 人工神经元

（1）连接权。连接权指神经元连接的权重，在网络训练中起记忆信息的作用。在网络训练过程中连接权会进行不断的数值调整，直至训练结果与目标吻合。连接权类比的是生物神经元中的突触，其连接强度由连接权值表示，连接强度权值为负的时候形成兴奋的抑制状态，为正时则表示激活状态。

（2）求和单元。实现对各个输入值的加权求和操作。

（3）激活函数。执行对该神经元所获得的网络输入的信号变换，一般具有非线性映射属性，可以将人工神经元的输出幅度控制在一定的范围之内。常见的激活函数有 sigmoid、tanh(x)和 ReLU(x)三种，下面通过其表达式对其进行简单的介绍。

• sigmoid 函数

sigmoid 函数，也称为 S 型生长曲线，是一种常见的神经网络激活函数，用于隐层神经元的输出，可以将变量映射到$(0,1)$范围之内，映射方法如式$(5-1)$、式$(5-2)$所示。

$$y = \frac{1}{1 + e^{-x}} \qquad (5-1)$$

$$y' = \left(\frac{1}{1 + e^{-x}}\right)' = \frac{1}{1 + e^{-x}}\left(1 - \frac{1}{1 + e^{-x}}\right) = y(1 - y) \qquad (5-2)$$

sigmoid 函数及其导函数曲线图如图 5-4 所示，从图中可以发现，sigmoid 函数的曲线比较平滑，易于计算，但是函数的计算量较大而且容易出现梯度消失的问题，使得网络训练无法完整进行。

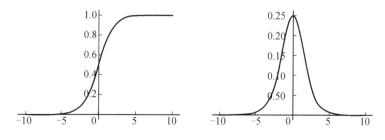

图 5-4 sigmoid 函数及其导函数

• tanh(x)函数

tanh(x)也是一种比较常见的神经网络激活函数，其映射方法如式（5 - 3）、式（5 - 4）所示。

$$y = \tanh(x) = \frac{e^x - e^{-x}}{e^x + e^{-x}} \tag{5-3}$$

$$y' = 1 - (\tanh(x))^2 \tag{5-4}$$

tanh(x)函数及其导函数曲线图如图 5 - 5 所示，从图中可以明显看出 tanh(x)的均值是 0，该函数是 sigmoid 函数的变形，在实际应用中比 sigmoid 有更好的使用效果。

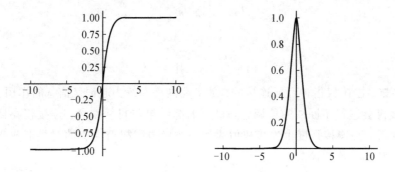

图 5 - 5　tanh(x)函数及其导函数

• ReLU(x)函数

ReLU(x)也是一种比较常见的神经网络激活函数，其映射方法如式（5 - 5）、式（5 - 6）所示。

$$y = \max(0, x) \tag{5-5}$$

$$g(x) = \begin{cases} 0, & z < 0, \\ 1, & z \geqslant 0 \end{cases} \tag{5-6}$$

ReLU(x)函数及其导函数曲线图如图 5 - 6 所示，从图中可以看出 ReLU(x)是部分线性的，并且不会出现过饱和现象，使用 ReLU(x)得到的随机梯度下降法（SGD）的收敛速度比 sigmoid 和 tanh(x)的都要快。利用 ReLU(x)函数计算，只需要一个阈值就可以得到激活值，而不需要像 sigmoid 和 tanh(x)一样执行复杂的指数运算，原理易于理解，计算更为简单。

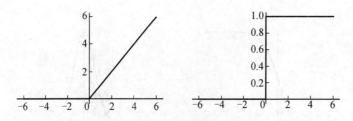

图 5 - 6　ReLU(x)函数及其导函数

5.2.2　人工神经网络信息处理

人脑的每个神经元都可以看作一个处理单元，这些处理单元互相连接形成了生物神经网络，网络中信号传递的强弱由神经元之间的连接强度决定，连接的强弱又可以根据外部的刺激信号作出自适应性的变化。信号可以产生刺激或抑制的作用，每个神经元会根据接收到的多个信号的综合作用呈现兴奋或抑制状态。

由于人工神经网络是一种模仿生物神经网络的结构和功能的数学模型或计算模型，同样具有生物神经网络的上述特性。人工神经网络是分层网络，由输入层、隐藏层和输出层组成，信号只允许由低层向高层传递。输入层通常被记作第 0 层，负责接收大量非线性输入信号；输出层是网络的最后一层，信息在神经元链接中传输、分析、权衡后，经由输出层形成输出结果；隐藏层（简称"隐层"），是输入层和输出层之间众多神经元和链接组成的各个层面，隐层可以有一层或多层，每一层中的节点（神经元）数目不定，但是数目越多，神经网络的非线性就会越显著，使得神经网络的鲁棒性更强。典型的三层人工神经网络拓扑图如图 5 - 7 所示。

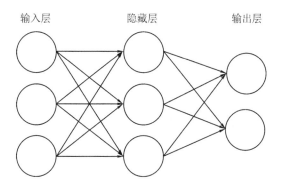

图 5 - 7　典型的三层人工神经网络拓扑图

为了便于理解人工神经网络模型组成及信息传递处理过程，首先简单回顾一下逻辑回归的相关内容。逻辑回归模型可以表示为公式（5 - 7）。

$$h_{\theta}(x) = \frac{1}{1 + e^{-\boldsymbol{\theta}^{\mathrm{T}}x}} \tag{5-7}$$

设线性变换 z，并将其表示为公式（5 - 8），那么逻辑回归模型可以变换为公式（5 - 9）的形式。

$$z = \boldsymbol{\theta}^{\mathrm{T}}x = \theta_0 + \theta_1 x_1 + \theta_2 x_2 \tag{5-8}$$

$$h_{\theta}(x) = g(z) = \frac{1}{1 + e^{-z}} \tag{5-9}$$

从上述公式中可以看到，逻辑回归模型可以分为线性变换部分与非线性变换部分。当神经网络模型只有输入层与输出层两部分且输出层只有一个神经元时，模型的结构便与逻辑回归的模型结构相一致，但是在神经网络中，线性变换与非线性变换会被集成在同一个处于隐藏层或输出层中的神经元中，如图 5 - 8 所示。

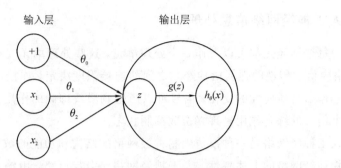

图 5-8　逻辑回归模型与神经网络模型对比

　　对于具有多层或多个输出神经元的神经网络，其每个隐藏层神经元或输出层神经元的值（激活值），都是由上一层神经元经过加权求和与非线性变换得到的，网络拓扑图如图 5-9 所示。

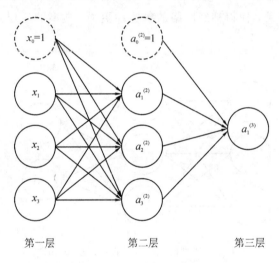

图 5-9　扩展的三层神经网络拓扑图

其中，$x_i(i=0,1,2,3)$ 表示输入层的变量值，$a_i^{(k)}(k=1,2,3,i=0,1,2,3)$ 表示第 k 层中第 i 个神经元的激活值。当 $k=1$，即选定输入层时，$a_i^{(1)}=x_i$；$x_0=1$ 与 $a_0^{(2)}=1$ 表示偏置项。图中，为了求解最后的输出值 $H_\theta(x)=a_1^{(3)}$，需要计算隐藏层中每个神经元的激活值 $a_i^{(k)}(k=2,3)$。

　　从前面的介绍已经了解到，隐藏层或输出层的每一个神经元，都是由上一层神经元经过类似逻辑回归计算而来的，如图 5-10 所示。

　　如果使用 $\theta_{ji}^{(k)}$ 来表示第 k 层的参数（边权），其中下标 j 表示第 $k+1$ 层的第 j 个神经元，i 表示第 k 层的第 i 个神经元，那么隐藏层的三个激活值就可以利用公式（5-10）来计算求得。

$$\begin{cases} a_1^{(2)}=g(\theta_{10}^{(1)}x_0+\theta_{11}^{(1)}x_1+\theta_{12}^{(1)}x_2+\theta_{13}^{(1)}x_3) \\ a_2^{(2)}=g(\theta_{20}^{(1)}x_0+\theta_{21}^{(1)}x_1+\theta_{22}^{(1)}x_2+\theta_{23}^{(1)}x_3) \\ a_3^{(2)}=g(\theta_{30}^{(1)}x_0+\theta_{31}^{(1)}x_1+\theta_{32}^{(1)}x_2+\theta_{33}^{(1)}x_3) \end{cases} \quad (5-10)$$

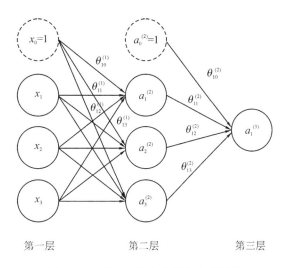

图 5 - 10　神经网络拓扑结构与激活值

将隐藏层的三个激活值以及偏置项 $a_0^{(2)}$，$a_1^{(2)}$，$a_2^{(2)}$，$a_3^{(2)}$ 结合起来，就可以计算出输出层神经元的激活值，最后获得该神经网络的输出结果，如式(5 - 11)所示。

$$a_1^{(3)} = g(\theta_{10}^{(2)} a_0^{(2)} + \theta_{11}^{(2)} a_1^{(2)} + \theta_{12}^{(2)} a_2^{(2)} + \theta_{13}^{(2)} a_3^{(2)}) \tag{5-11}$$

5.2.3　人工神经网络特点

人工神经网络是一种旨在模仿人脑结构及其功能的信息处理系统，人工神经网络模型用于模拟人脑神经元的活动过程，其中包括对信息的加工、处理、存储和搜索等过程。人工神经网络具有如下基本特点。

1) 高度的并行性

人工神经网络由许多相同的简单处理单元并联组合而成，虽然每一个神经元的功能简单，但大量简单神经元的并行处理能力和效果却十分惊人。人工神经网络和人脑神经元网络类似，不但结构上是并行的，它的处理顺序也是并行和同时的。人脑神经元之间传递脉冲信号的速度远低于冯·诺依曼计算机的工作速度。但是，由于人脑是一个大规模并行与串行组合处理系统，因而在许多问题上可以作出快速判断、决策和处理，其工作速度可以远高于串行结构的冯·诺依曼计算机。人工神经网络的基本结构模仿人脑，具有并行处理的特征，可以大大提高工作速度。

2) 高度的非线性全局作用

人工神经网络每个神经元接收大量其他神经元的输入，并通过并行网络产生输出，影响其他神经元，网络之间的这种互相制约和互相影响机制，实现了从输入状态到输出状态空间的非线性映射。从全局的观点来看，网络整体性能不是网络局部性能的叠加，而是表现为某种集体性的行为。人工神经元处于激活或抑制两种不同的状态，这种行为在数学上表现为一种非线性。具有阈值的神经元构成的网络具有更好的性能，可以提高容错性和存储容量。

3）联想记忆功能和良好的容错性

人工神经网络通过自身特有的网络结构将处理的数据信息存储在神经元之间的权值中，具有联想记忆功能，但是从单一的某个权值是看不出其所记忆的信息内容的，因而是分布式的存储形式。这就使得网络具有很好的容错性，而且可以进行特征提取、缺损模式复原、聚类分析等模式信息处理工作，还可以作模式联想、分类、识别等工作。一个神经网络通常由多个神经元广泛连接而成，而一个系统的整体行为不仅取决于单个神经元的特征，而且主要由单元之间的相互作用、相互连接所决定，因此神经网络可以从不完善的数据和图形中进行学习并作出决定。

4）良好的自适应、自学习功能

人工神经网络通过学习训练获得网络的权值与结构，呈现出很强的自学习能力和对环境的自适应能力。神经网络所具有的自学习过程模拟了人的形象思维方式，这是与传统符号逻辑完全不同的一种非逻辑语言。自适应性是指根据所提供的数据，通过学习和训练，找出输入和输出之间的内在关系，从而求取问题的解，而不是依据对问题的经验知识和规则求解问题，因而具有自适应功能，这对弱化人为因素权重是十分有益的。

5）知识的分布存储

在神经网络中，知识不是存储在特定的存储单元中，而是分布在整个系统中，要存储多个知识就需要很多链接。在计算机中，只要给定一个地址就可得到一个或一组数据，但是在神经网络中要获得存储的知识则需要采用"联想"的办法，这一点类似于人类和动物的联想记忆方法。人类善于根据联想正确识别图形，人工神经网络也是这样。神经网络采用分布式存储方式表示知识，通过网络对输入信息的响应将激活信号分布在网络神经元上，通过网络训练和学习使得特征被准确地记忆在网络的连接权值上，当同样的模式再次输入时，网络就可以进行快速判断。

6）非凸性

一个系统的演化方向，在一定条件下将取决于某个特定的状态函数。非凸性是指这种函数有多个极值，故系统具有多个较稳定的平衡态，这将导致系统演化的多样性。正是神经网络所具有的这种学习和适应、自组织、非线性以及运算高度并行的能力，解决了传统人工智能在直觉处理方面的缺陷，通过对非结构化信息、语音模式识别等的处理，使人工智能成功应用于神经专家系统、组合优化、智能控制、预测、模式识别等领域。

5.2.4　常见的人工神经网络

随着科学技术的不断发展，人们对生物神经系统的认识和理解不断加深，为了实现不同的计算目标，科研学者研究出多种不同的神经元互连方式，并基于此形成了很多网络拓扑结构和研究理论。

1. 人工神经网络拓扑结构

目前，比较主流的人工神经网络拓扑结构包括单层网络、多层网络和回归型网络。

1）单层网络

单层网络是最简单的网络拓扑结构，如图 5-11 所示，虽然图中所有节点之间均采用全连接的前馈连接方式，但是在实际生物神经网络或人工神经网络中有些连接是并不存在的。输入信号可表示为行向量 $\boldsymbol{X}=(x_1, x_2, \cdots, x_n)$，每一分量都是通过加权计算连接到各节点处的。

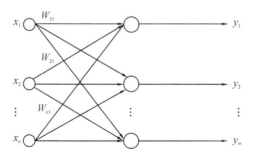

图 5 - 11　单层网络拓扑结构

如果把各个加权值表示为 $n \times m$ 维加权矩阵 $\boldsymbol{W}$，如公式(5 - 12)所示，n 表示输入信号向量的个数，m 表示该层的节点数，那么输入信号的加权和可表示为公式(5 - 13)的形式。

$$\boldsymbol{W} = \begin{bmatrix} W_{11} & W_{12} & \cdots & W_{1m} \\ W_{21} & W_{22} & \cdots & W_{2m} \\ \vdots & \vdots & & \vdots \\ W_{n1} & W_{n2} & \cdots & W_{nm} \end{bmatrix} \tag{5 - 12}$$

$$\boldsymbol{S} = \boldsymbol{X}\boldsymbol{W} = (x_1, x_2, \cdots, x_n) \begin{bmatrix} W_{11} & W_{12} & \cdots & W_{1m} \\ W_{21} & W_{22} & \cdots & W_{2m} \\ \vdots & \vdots & & \vdots \\ W_{n1} & W_{n2} & \cdots & W_{nm} \end{bmatrix} \tag{5 - 13}$$

其中，$\boldsymbol{S}$ 为各节点加权和的行向量，$\boldsymbol{S} = (s_1, s_2, \cdots, s_m)$，$\boldsymbol{S}$ 作为激活函数的输入，最后计算出输出信号 $\boldsymbol{Y}$，输出向量 $\boldsymbol{Y} = (y_1, y_2, \cdots, y_m)$，$y_i = F(s_i)$。

2) 多层网络

多层网络是由单层网络级联而成的，即将上一层的输出作为下一层的输入。网络越复杂，提供的计算能力就越强。下面以如图 5 - 12 所示的双层网络为例，介绍多层网络的信息处理方式。

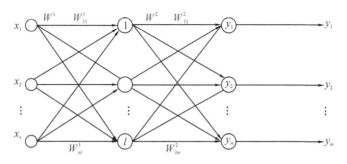

图 5 - 12　双层网络

多层网络的层间转移函数一般是非线性的，这样可以加强多层网络的计算能力。假设双层网络的层间转移函数为线性函数，$\boldsymbol{X}\boldsymbol{W}^1$ 为第一层的输出，同时它会作为第二层的输入，通过第二个加权矩阵得到网络输出为 $\boldsymbol{Y} = (\boldsymbol{X}\boldsymbol{W}^1)\boldsymbol{W}^2$ 或 $\boldsymbol{Y} = \boldsymbol{X}(\boldsymbol{W}^1\boldsymbol{W}^2)$，这样双层线性网络中两个加权矩阵的乘积等效于单层网络的加权矩阵，所以多层网络中层间的转移函数是非线性的。

　　3）回归型网络

　　回归型网络是指包含反馈连接的网络，反馈连接就是指网络的一层输出通过连接权值回送到同一层或前一层的输入中。一层反馈网络如图 5-13 所示。在网络中只限于一层之内的连接称为层内连接或层内横向反馈连接，层内横向反馈连接的网络等效拓扑结构可称为交叉连接方式或纵横连接方式。交叉连接方式示意图如图 5-14 所示，这种纵横线矩阵结构表示方式便于将网络与硬件电路相映射，其中，交叉点的电阻起到加权的作用，而三角形表示加权求和的运算放大器。在回归型网络中，通常将前一层的输入循环返回到当前输入中，使网络的输出取决于当前的输入和之前的输出；而非回归型网络则无需具有记忆储存功能，其输出只与当前的输入和加权值相关。

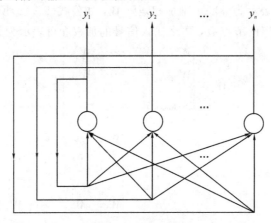

图 5-13　一层反馈网络拓扑图

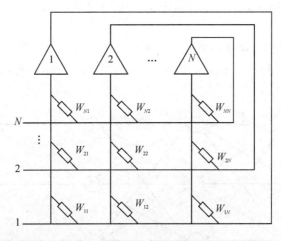

图 5-14　一层反馈网络的交叉连接方式示意图

2．人工神经网络模型

　　理解人工神经网络的主要拓扑结构后，下面将介绍几种非常著名的人工神经网络模型——BP、Hopfield 和 Kohonet，目前很多先进的新型网络结构更多的是对这几种模型的改良和优化。人工神经网络的分类如图 5-15 所示，按照结构方式、状态方式和学习方式的不同，人工神经网络模型可以划分为多种网络类型。究其根源，网络的拓扑结构、神经元传递函数、学习算法和系统特点等是区分各种网络的根本要素。

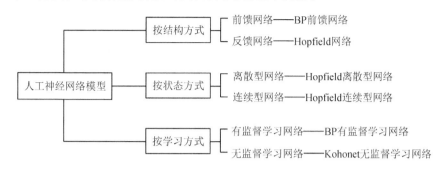

图 5-15　人工神经网络模型的分类

1）BP 神经网络

BP（Back Propagation，反向传播）神经网络是由 Rumelhart 和 McClelland 为首的科研小组于 1986 年提出的，它是一种按误差逆传播算法训练的多层前馈人工神经网络，也是目前应用最为广泛的神经网络模型之一。BP 网络能够学习和存储大量输入-输出模式的映射关系，而无需事先揭示描述这种映射关系的数学方程。其基本原理是使用最速下降法，通过反向传播来不断调整网络的权值和阈值，使网络的误差平方和最小。

BP 算法的基本思想是，学习过程由信号的正向传播与误差的反向传播两个过程组成。正向传播时，输入样本从输入层传入，经过各隐层逐层处理后，进入输出层，如果输出层的实际输出与期望输出不符，则转入误差的反向传播阶段。在反向传播时，将输出以某种形式通过隐层向输入层逐层反传，同时将误差分摊给各层的所有单元，从而获得各层单元的误差信号，此误差信号就可以作为修正各单元权值的依据。训练 BP 网络的过程就是一个使误差不断变小的过程，通常可以采用平方和的方式来计算系统误差。当误差平方和小于预先设定的误差时，训练即可结束，否则将会计算输出层的误差值，并且通过误差反向传播规则来修正各层权值，重复上述训练过程直至达到要求的精度。模型训练开始之前，首先需要确定输出矢量的取值范围、目标矢量的取值范围以及网络的初始参数，在训练过程中主要需要修正网络的层数、各层神经元数以及每层的激活函数。以两层 BP 神经网络为例，模型的训练过程可以总结为：

• 系统自动随机赋予权值和偏差的初始值，随机值的取值应当较小，以避免网络出现加权输入饱和的问题，除此之外，还要对期望误差最小值、最大循环次数、权值的学习速率等参数进行初始化处理。

• 输入样本，计算网络各层输出及网络误差。

• 计算各层逆向传播的误差变化，更新连接权值和阈值。

• 利用修正值再次计算误差平方和，与期望误差进行比较，达到训练结束条件则停止训练过程，否则重复上述过程继续训练。

2）Hopfield 神经网络

BP 神经网络属于前馈式网络的一种，和 BP 神经网络同一时期出现的 Hopfield 神经网络也很经典和重要，它是一种反馈式神经网络，比 BP 的出现还要早一些，其基本思想为基于灌输式的学习，即网络的权值不是通过训练求得的，而是按照一定的规则计算出来的。

Hopfield 神经网络就是采用了这种学习方式，其权值一旦确定就不再改变，但是网络中各神经元的状态在运行过程中是不断更新的，当网络运行到稳定状态时，各神经元的状态便是问题的最终求解结论。

　　Hopfield 神经网络模型可以分为离散型和连续型两种，分别记为 DHNN（Discrete Hopfield Neural Network）和 CHNN（Continues Hopfield Neural Network），这里主要讨论离散型网络模型，如图 5-16 所示。

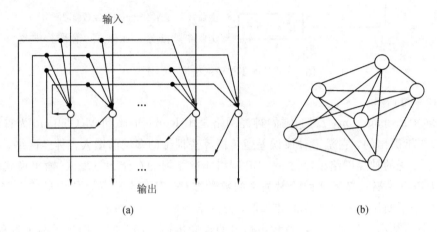

图 5-16　离散 Hopfield 神经网络模型表示

　　从图中可以发现，反馈神经网络中神经元之间的连接是对称的，每个神经元都同其他神经元相连接，输出信号经过其他神经元后又有可能反馈给自己（最初的神经元）。假设网络中有 n 个神经元，任意神经元 i 和 j 之间的权值用 w_{ij} 表示，偏置用 b_i 表示，输入用 u_i 或 u_j 表示，输出用 v_i 或 v_j 表示，输入和输出都是关于时间的函数，那么神经元在 t 和 $t+1$ 时刻的输出（状态）就可以分别表示为公式（5-14）、公式（5-15）的形式。

$$v_i(t) = \sum_{\substack{j=1 \\ j \neq i}}^{n} w_{ij} u_j(t) + b_i \tag{5-14}$$

$$v_i(t+1) = f(v_i(t)) = \begin{cases} 1, & \sum_{\substack{j=1 \\ j \neq i}}^{n} w_{ij} v_j(t) + b_i \geqslant 0 \\ -1, & \sum_{\substack{j=1 \\ j \neq i}}^{n} w_{ij} v_j(t) + b_i < 0 \end{cases} \tag{5-15}$$

　　输出不断地反馈到输入端，使得 Hopfield 网络的状态在输入的激励下产生持续的变化，只要存在输入，就可以获得输出信号，而输出又会被反馈到输入以产生新的输出，如此往复。如果 Hopfield 网络是一个收敛的稳定网络，那么反馈和迭代的变化就会越来越小，当网络的输出为一个稳定的恒值时，证明网络已经达到平衡状态可以停止训练。其实，这种网络是否成功的关键就在于如何在稳定条件下确定网络的权重系数。这里仅考虑串行工作方式下的神经网络训练步骤，串行（异步）工作方式的 Hopfield 神经网络训练步骤如图 5-17 所示，除此之外，网络的训练方式还有并行（同步）形式，在此不再赘述。

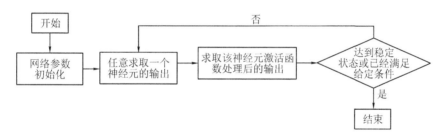

图 5 - 17　Hopfield 神经网络训练步骤

3）Kohonet 神经网络

1972 年，芬兰的 Kohonet 教授提出了自组织神经网络，即 Kohonet 神经网络。这个自组织神经网络的典型结构如图 5 - 18 所示，该网络结构包括输入层和竞争层两部分，输入层一般是一个一维阵列，负责接收外界信息，并通过权向量将外界信息汇集到竞争层的各神经元中；而竞争层神经元排列的典型结构是二维形式，通过计算竞争层的权值向量和输入向量的距离，可以求取最小距离的神经元。网络训练中会不断修改权值及输出神经元，直至其小于某个特定值时结束训练并计算输出结果。

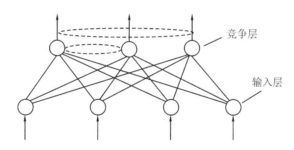

图 5 - 18　自组织神经网络的典型结构

5.2.5　人工神经网络的训练

在上文对人工神经网络的介绍中，我们已简单描述了一些常见的训练方法。一般地，人工神经网络的训练通常可以概括为监督学习、无监督学习和强化学习三种。下面将从专业理论角度逐一展开和说明。

1）监督学习

监督学习的主要思路是，根据已有的数据集、输入输出之间的关系，训练得到一个最优的模型。在监督学习的数据集中，训练数据既包括特征（feature）值又包括标签（label）值，训练的过程就是让机器自己找到特征和标签之间的联系，在面对只有特征而没有标签的数据时，就可以判断出数据的标签，完成对目标的分类或预测。

针对连续型变量和离散型变量，监督学习可以分别实现分类和回归两种功能。例如，判断花卉种类的训练集和测试集详情如图 5 - 19 所示。当想要训练得到能自动判断花卉种类的算法模型时，首先就需要给出训练的数据集，数据集中包含 3 种不同花朵的花瓣长度特征。以花瓣长度特征作为输入，花卉种类作为输出，最终可以得到二者之间的关系模型。那么，当面对一朵未知种类的花卉时，就可以根据它的花瓣长度特征来判断其所属的种类。

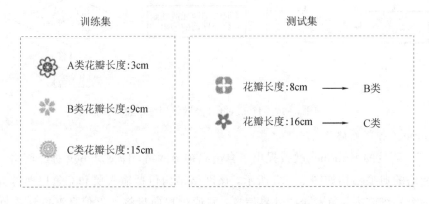

图 5-19 判断花卉种类

目前解决分类（非数值）问题的监督学习方法主要有支持向量机、K-近邻、决策树、随机森林、朴素贝叶斯算法等，模型的准确性可以通过统计模型的正确输出比例来计算。

监督学习既可以较好地解决分类问题，还可以解决很多回归预测问题。在解决回归预测问题时其训练数据集也同样需要包含标签信息。例如当只使用一个变量来预测房价问题时，假设 x 表示不同房屋的平方米数信息，y 表示相应房屋的价格，那么针对已有的训练数据就可以进行监督学习训练，找到最佳的拟合函数 $y=f(x)$。当有顾客给出房屋尺寸的时候，就可以根据拟合函数快速计算出房屋的价格。回归预测适用于解决连续实数值的问题，股票价格预测、房价预测、洪水水位线预测等都在其适用范围内，目前比较常见的回归预测算法有线性回归、多项式回归、岭回归以及 Lasso 回归等。

2）无监督学习

在现实生活中，更为常见的情况是，由于缺乏足够的先验知识，使得监督学习算法中需要的标签信息难以人工标注或标注成本过高，很自然地，人们就希望计算机能代替或者至少提供一些帮助来完成这项工作，无监督学习模式随之产生。

无监督学习是根据类别未知（没有被标记）的训练样本来解决识别中的各种问题的学习方式。如果说监督学习是任务驱动的学习方式，那么无监督学习就是数据驱动的学习方式，需要能够在面对大量的无标签数据时，计算机在没有任何额外分类提示的情况下对数据进行有规则的分类或区分，并发现一些规律。无监督学习算法中比较典型的算法有聚类、离散点检测和降维检测，本小节主要讲解聚类算法及其应用。

无监督学习中最典型的算法就是聚类，聚类的目的是把相似的东西聚集在一起，但并不关心具体的类别是什么，因此，聚类算法的核心是知道如何计算数据的相似度。举个简单的例子，在识别猫的过程中，我们可以用聚类算法，如图 5-20 所示，尝试提取猫的毛皮、四肢趾爪、眼睛、耳朵、牙齿、胡须等特征，计算机通过对特征相同的动物进行聚类计算，就可以将猫或者猫科动物聚类为一组。但是到这一阶段，计算机只能知道这些动物是属于同一物种的，并且具有相同的特征，却并不知道这群具有相同特征的物种是什么。

猫科动物　　　　　　　　　　犬科动物

图 5 - 20　无监督学习的聚类应用

　　恰当地提取特征是无监督学习最为关键的环节，特征的有效性将直接决定着算法的有效性。仍以猫的识别为例，如果选择体重作为特征进行聚类分析，却忽略体态等更有区分度的特征，就难以将重量相似的猫和狗准确分类和识别了。目前，常用的无监督学习算法主要有主成分分析法、等距映射法、局部线性嵌入法、拉普拉斯特征映射法、局部切空间排列法等。

　　3）强化学习

　　强化学习是用于描述和解决智能体在与环境交互的过程中通过学习策略来取得最大化的预期利益或实现特定目标的学习方法，其中，智能体以"试错"的方式进行学习，通过与环境进行交互获得的奖赏指导行为，驱动智能体向着获得最大奖赏的目标不断学习。强化学习与监督学习的区别主要表现在强化信号上，监督学习会提供特征和标签来建立二者之间的联系，但是强化学习不会告诉强化学习系统如何去产生正确的动作，而是由环境提供强化信号，对产生动作的好坏作出评价。由于外部环境提供的信息很少，系统必须依据自身的经验来进行学习，在行动—评价体系中不断获取知识，动态地调整模型参数，从而得到最大的强化信号。

5.3　基于神经网络的传感器应用

5.3.1　应用概述

　　神经网络根据对象的输入输出信息，可以通过对网络参数的不断学习，实现输入参数到输出参数的非线性映射，而且可以根据机理模型和运行对象的新数据样本进行自适应学习，适应对象参数的缓慢变化。基于神经网络的这一特点，在某些应用中通过自适应学习可以很好地解决机理建模带来的难题。神经网络的信息处理任务主要可以概括为两个：

　　（1）数学上的映射逼近。映射逼近即找到一种合适的映射函数，以自组织的方式响应对应的样本集。目标识别、分类等问题的计算过程都可以抽象成这样一种近似的数学上的映射逼近。

（2）联想记忆。联想记忆是指对模式状态的恢复、内容的完善以及相关模式的相互回忆等。模式识别技术的应用通常会一定程度上受到噪声干扰或输入模式的部分缺失影响。而神经网络的信息是以分布式状态存储于连接权系数中的，具有很高的容错性和鲁棒性，神经网络的这一优势使其能够成功地应用于模式识别问题。

究其本质，基于神经网络的传感信号处理主要涉及两个重要的问题，即模式预处理变换和模式识别。模式预处理变换是指针对一种形式的模式，应用神经网络将其转换为更为适用或可用形式的模式；模式识别则是指把一种模式映射到其他类型或类别的过程。因此，神经网络能够在传感信号处理中得到应用，根本原因是神经网络的函数逼近能力以及基于此的传感器建模。神经网络函数逼近算法的研究非常广泛，基于神经网络的传感系统的建模方法主要有三种：直接逆系统建模法、正逆系统建模法与逆逆系统建模法。

（1）直接逆系统建模法。该方法是指将不同的设定信号作为未知传感器的输入 u_1，测量其相应的输出信号 y_1，基于这样的输入输出数据来训练一个神经网络，将未知传感器的输出 y_1 作为网络输入 u_2，而根据网络的输出 y_2 预测出未知传感器的输入，网络训练的目标就是使得这时的 y_2 与 u_1 误差最小。

（2）正逆系统建模法。该方法也称作正模型逆系统学习法，是指在未知传感器的动力学系统（正）模型的基础上建立逆动力学模型。比较典型的学习方法有两种：另一种是传感器逆系统学习法，即直接利用设定给逆系统神经网络的期望输入和未知传感器的实际输入之差来调节网络的权重，这种方法在整体误差的基础上调节网络权值时，必须要知道传感器的模型；另一种是正模型逆系统学习法，首先利用一个神经网络建立起传感器的（未知的）数学模型，接着利用设定给逆系统神经网络的期望输入和传感器（正）的神经网络模型的输出之差来调节逆系统神经网络的权值，这种方法的逆系统模型准确度直接与新建立的正模型精度相关。为了避免或改进上述精度的相关性，可以将此方法优化为直接利用设定给逆模型的期望输入和传感器的输出之差来调节网络的权值。

（3）逆逆系统建模法。该方法是指由两个逆系统模型和未知传感器一起构成学习回路。在正通道上设置神经网络控制器，控制传感器使之复现网络的输入，这种方法需要事先已知传感器的逆动力学模型。

5.3.2　应用示例

1. 非线性校正

传感器作为系统重要的感知器件，其地位是举足轻重的，虽然不同应用场景下对传感器的要求不尽相同，但无一例外的是，各种应用场景都会要求保证传感器的测量准确度。大多数传感器的输入输出关系中，由于传感器转换原理为非线性，使得出现一定程度的非线性误差，这就导致传感器的测量结果准确性大幅降低。为了使传感器在整个测量范围内的灵敏度为一个常数，即传感器的输入输出特性呈线性关系，传统的模拟指示仪表通常会采用三种方法来处理非线性误差，包括缩小测量范围、采用非线性指示刻度、加入非线性校正环节。

随着测量范围的不断扩大，对测量准确度的要求也在不断提高，上述方法的优化效果往往无法满足测量要求，因此，如何优化传感器非线性误差的校正方法来进一步提高测量精度显得非常必要。随着人工神经网络技术的不断进步及应用领域的不断拓展，在提高传感器精度的研究中，研究人员早期便尝试了与神经网络技术的融合。例如，外旋转式浓度传感器的输入输出特性存在明显的非线性属性，可以考虑使用神经网络来实现对其特性的校正，如图 5 - 21 所示。

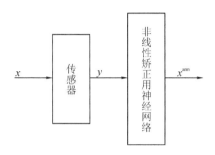

图 5 - 21　传感器非线性校正

图 5 - 21 的原理图显示，校正的基本思路是假设传感器具有非线性输入输出特性 $y = f(x)$，对传感器的输出 y 利用神经网络进行校正，如公式（5 - 16）所示，其中 x^{ann} 表示经过人工神经网络优化后的结果，因此，只要对神经网络 F 进行训练，修正及优化神经网络的权值系数，直至神经网络输出值的估计误差均方值足够小，即可消除传感器的非线性部分干扰。

$$x^{ann} = F(y) \tag{5-16}$$

2. 自检验与故障诊断

在常规应用中，当需要对生产过程进行监测、控制以及优化时，一般以过程变量的某些测量值（如温度、流量、浓度等）为依据，因此，如何从测量数据中获得过程变量可靠、精确、一致的估计值对生产过程至关重要。传感器的过失误差和故障可使系统运行性能下降或系统瘫痪。针对这一问题，研究人员也提出了很多种数据校核及过失误差检测的方法，但是这些方法大多基于统计理论和最优化方法，计算量大、时间长，在某些要求在线应用或实时性应用的场景难以使用。针对过失误差检测需求，结合神经网络实现检测的基本思想是，将偏差向量作为神经网络的输入，神经网络的输出则对应于各测量变量。具体做法是：对偏差向量进行预处理，即用各维度数据与其标准差相除，将数据处理结果作为神经网络的输入；对网络的输出状态进行状态标记，当测量变量中不存在过失误差时将其标记为0，当测量变量中存在过失误差时将其标记为1，基于此进行对分类或状态识别网络的训练，训练后的网络模型即可用来进行过失误差的检测。

这种基于神经网络的过失误差检测方法利用单传感器输出信号来建立神经网络预测模型，然后计算预测模型关于传感器的预测输出和实际输出之差，以此推断传感器是否发生故障。

3. 滤波与除噪

滤波与除噪是传感器信息处理中的基本操作，涉及从较强的背景噪声中提取出较弱信号的问题，主要应用于目标跟踪、多目标检测等工程领域。

自适应除噪系统中包括主通道与参考通道两种，当参考通道中的噪声是主通道噪声的非线性变换时，若使用线性变换逼近非线性变换并且要求达到足够高的精度，那么用于估计的权系数向量维数将呈爆炸性增长趋势，自适应滤波器的估计速度必然大大降低，性能大幅下降，无法保证系统的实时应用需求。为了解决上述问题，可以考虑非线性自适应除噪系统。由于神经网络（如 BP 神经网络、RBF 径向基函数网络等）具有良好的非线性函数逼近能力，在这种应用背景下可以作为比较理想的选择。

例如，基于 BP 神经网络结构及算法的方法，可以实现从宽带背景噪声中提取微弱有用信号。该方法对微弱信号的提取是在网络节点连接权向量域进行的，因此可以从根本上解决对提取信号的频率选择问题。检测系统的输入为宽带噪声和需要提取的微弱信号的叠加，设定背景噪声的期望值作为期待响应。若假设背景噪声是平稳的，则背景噪声期望值可用时间平均值来近似估计。

4. 环境影响因素的补偿

光学电流传感器是以光纤为介质，以法拉第磁光效应为基础的电流传感元件。与传统的电磁式电流互感器相比，在高电压大电流测量的应用中采用光学技术具有明显的优越性，如满足绝缘要求、无磁饱和现象、抗电磁干扰、响应频域宽、便于遥感和遥测、结构紧凑、重量轻等优点。但是目前真正可立足于市场的光学电流传感器产品远远不足，其根本原因是，无法减少或避免由于环境因素引起的光纤线性双折射效应对测量结果的影响。有研究显示，基于 BP 和 RBF 神经网络的光学电流传感器对光纤线性双折射效应进行补偿的方法，可以较好地解决上述问题。该方法的基本原理是，将光学电流传感器的输出作为神经网络的输入信号，将被测电流的真实值作为神经网络的输出信号，用这种输入输出关系形成的样本集对神经网络进行训练，经过训练的网络就可以用来进行线性双折射效应补偿的预测。经过测试，这种网络的预测值与实验值具有很高的一致性。

5. 多传感器信息数据融合

信息数据融合是指把来自多传感器的数据和信息，根据既定的规则，分析结合为一个全面的情报，并在此基础上为用户提供需要的信息。通常情况下，传感器都存在交叉灵敏度，即传感器的输出值不只取决于一个常量，当其他参量变化时输出值也会发生变化，例如压力传感器，当压力恒定而温度变化时，其输出值也会发生改变，那么这个压力传感器就存在对温度的交叉灵敏度。存在交叉灵敏度的传感器，其性能不稳定，测量精度低，而基于神经网络的多传感器信息融合技术可以通过对多个参数的检测并采用一定的神经网络信息处理方法来提高每一个参量的测量精度。

神经网络具有知识和信息的分布式表达、大规模并行处理、自动获取、知识处理的自适应、容错性和联想记忆能力等特点，这些特点可以很好地用于解决传感信息难以建模、非线性强等问题，完成输入模式到输出模式的复杂映射，因此传感器与神经网络的结合是技术发展的必然。在工程实践中也会经常碰到一些用传感技术手段较难检测甚至不能检测的过程变量，这种情况下，利用神经网络的软测量技术是解决问题的有效方法，该方法可以参考与生产过程中有关过程变量间的关联，以一些能够用传感技术检测的过程变量和相应的数学模型,结合神经网络技术来估计这些难以检测的变量。

思考题与习题 5

5-1　简述神经元的组成结构及分类方式。

5-2　什么是人工神经网络？与生物神经系统有什么区别和联系？

5-3　举例说明神经网络的输入-输出过程。

5-4　人工神经网络训练方法有哪些？比较各方法的原理及应用。

5-5　简述两层 BP 神经网络的训练过程。

5-6　简述串行(异步)工作方式下 Hopfield 神经网络的训练过程,比较 BP 神经网络与 Hopfield 神经网络的异同。

第6章　传感器网络

6.1　传感器网络概述

6.1.1　传感器网络发展

随着现代传感器技术、通信技术和嵌入式计算技术的飞速发展和日益成熟，具有感知能力、计算能力和通信能力的微型传感器开始在世界范围内涌现，传感器数据的独立采集已经不能适应现代控制技术和检测技术的发展。人们获取信息的手段已经从过去的单一化逐渐向集成化、微型化和网络化发展，由这些微型传感器构成的分布式数据采集系统，即传感器网络（由大量部署在作用区域内、具有无线通信与计算能力的微小传感器节点，通过自组织方式构成的能根据环境自主完成指定任务的分布式智能化网络系统），引起了人们的极大关注。此外，随着智能传感器的开发和大量使用，在分布式控制领域，对传感器的信息交互也提出了许多新的要求。

传感器网络、通信技术和计算机技术共同构成了信息技术的三大支柱，传感器网络综合了传感器技术、嵌入式计算技术、现代网络及无线通信技术、分布式信息处理等多种技术手段，通过协同各类集成化的微型传感器，完成对各种环境或监测对象的实时监测、感知和采集，将基于嵌入式系统处理后的信息数据，通过随机自组织无线通信网络以多跳中继等方式传送到用户终端，真正地实现"无处不在的计算"理念。

自20世纪50年代以来，传感器网络经历了一段漫长的发展过程，可以概括为四个比较明显的发展阶段，如图6-1所示。

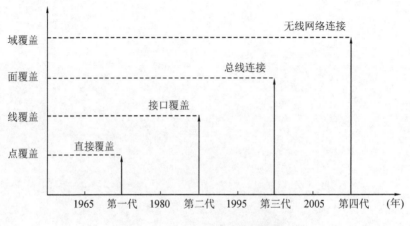

图6-1　传感器网络的发展历程

第一代传感器网络出现于 20 世纪 70 年代，是由传统的传感器组成的点对点输出测控系统，这种系统可以视为传感器网络的雏形，是以二线制 4～20 mA 电流和 1～5 V 电压为标准，网络布线复杂、成本高昂、抗干扰性差，目前已经逐渐淡出市场。

第二代传感器网络是基于智能传感器的测控网络，虽然智能传感器与控制设备之间仍然保留传统的模拟电流或电压信号通信方式，但是由于微处理器的发展和与传感器的结合，传感器系统具备了一定的计算能力和对多种信息的综合处理能力，伴随着 RS-232、RS-485 等典型数字通信标准在这一阶段的广泛使用，传感器网络的高效运转为社会的科技发展提供了巨大的助益。Intel 公司推出的位总线技术（BITBUS）和 8044 微控制器，首次革新了设备内部传感器与执行器的直连方式，以传感器总线的形式进行替代，可以视为现场总线技术的雏形。

第三代传感器网络出现于 20 世纪 90 年代后期，是基于现场总线的智能传感器网络，以现场总线连接的形式接入多种传感器设备，构成智能化的传感器局域网络。现场总线是连接现场智能设备与控制室之间的全数字式、开放式、双向通信的网络，它的出现代替了传统的模拟信号传输，极大地简化了传感器与主控系统的连接方式，降低了系统的建设成本和复杂度。在这一阶段，HART 协议和 FIP 通信协议的出现意义重大，极大地推动了传感器网络的发展：前者使人们意识到，除了通信系统，传感器与执行器系统的广泛互联互通也需要遵守一定的规则及标准；后者摒弃了传统传感器网络的客户/服务器工作模式，创新地采用了发行/订阅模式，使设备和应用程序能够从网络中直接获取公开的信息资源。

第四代传感器网络就是目前研究热情及关注度最高的无线传感器网络，这是传感器网络自身发展的一个飞跃，网络中采用大量具有多功能、多信息信号获取能力的传感器设备，以自组织的方式组建起网络架构，具有多模块间进行协作感知、采集、处理、传输信息的能力。与前三代传感器网络相比，第四代无线传感器网络的无线通信、分布式数据检测、低成本、易于部署和维护、容错性强、协同计算等优势，带动了其在军事、工业过程控制、卫生保健、环境监测、商业应用等诸多领域的扩展应用，结合多传感器数据融合技术，无线传感器网络的优势明显高于单传感器系统。而且，传感器网络技术涉及现代微机电系统、微电子、片上系统、纳米材料、传感器、无线通信、计算机网络、分布式信息处理等技术，成为 21 世纪最具影响力的技术之一。

6.1.2　传感器网络结构

传感器网络是由大量分布式传感器节点通过某种有线或无线通信协议连接而成的测控系统，起到协作感知、采集、处理和传输网络覆盖地理区域内的感知对象监测信息的作用。上述节点通常由数据采集单元、数据传输单元、数据处理单元以及能量供应单元组成，其中数据采集单元用来采集监测区域内的信息并加以转换，数据传输单元的主要功能是实现对采集信息的传输和通信，数据处理单元对全部节点的路由协议、管理任务和定位装置等进行处理，能量供应单元为传感器提供能量支持。为了缩减传感器节点占据的面积，通常会选择微型电池作为传感器的能量供应方式。除此之外，还可以通过选择定位系统、运动系统以及发电装置等扩展模块，丰富传感器网络的感知领域及应用模式。这些传感器节点可以安装于被测对象内部或附近，尺寸较小、成本低廉、功耗较低、功能较为丰富。一个比较典型的传感器网络拓扑图如图 6-2 所示，除了传感器节点外，网络中的主控计算机可以通过传感器总线控制器与传感器总线上的各个节点实现通信，并完成上层监控和决策过程。

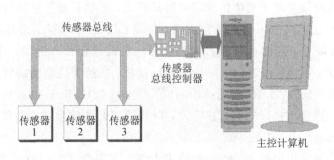

图 6-2　传感器网络拓扑结构

　　传感器网络中的每一个节点都是由它的空间位置和传感器类型共同确定的，这是其与普通计算机网络节点最大的区别。而且，传感器网络采用单点对多点的传感器总线或无线连接方式，减少了电缆的工程架设，在传感器节点端就已经实现了节点的自检、模拟信号调理、数字信号处理和网络通信的功能，极大地提高了系统的可靠性和时效性。

6.2　无线传感器网络

　　无线传感器网络(Wireless Sensor Network，WSN)是一项通过无线通信技术把数以万计的传感器节点以自组织和多跳的方式进行自由组织与结合而形成的网络形式。无线传感器网络中众多类型的传感器模块，可以探测周边环境中多种多样的数据或现象，如地震、电磁、温度、湿度、噪声、光强度、压力、土壤成分、移动物体大小、速度、方向等。较为普遍或者潜在的应用领域包括军事、航空、防爆、救灾、环境、医疗、保健、家居、工业、商业等。

6.2.1　无线传感器网络结构

　　无线传感器网络通常包括传感器节点、汇聚节点和任务管理节点，如图 6-3 所示。大量的传感器节点随机部署在监测区域内部或附近，这些节点通过自组织方式构成网络。传感器节点检测到的数据首先通过中间传感器节点进行传输，在传输过程中监测数据可能被多个节点处理，这些数据再经过多跳路由到达汇聚节点，最后通过互联网或卫星通信网络

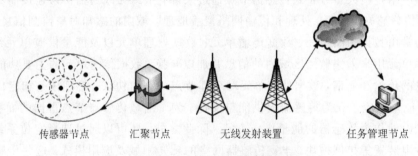

传感器节点　　汇聚节点　　　无线发射装置　　　　任务管理节点

图 6-3　无线传感器网络结构

传输到任务管理节点。无线传感器网络的组建者通过任务管理节点对传感器进行配置和管理，发布监测任务以及收集监测数据。

传感器节点通常是一个嵌入式系统，传感器本身是不具备计算和通信能力的，所以需要以传感器节点的形式，嵌入一个"大脑"系统，即嵌入式系统，帮助完成信息的采集、处理和传输。此外，由于传感器节点通常是不固定的，一般不会备有持续、稳定的电源，所以电池供电的方式比较常见，但是有限的电量会限制其处理、存储和通信的能力。

汇聚节点在网络中的数量较少，它既可以是改造后的传感器节点，也可以是没有监测功能仅带有无线通信接口的特殊网关设备。汇聚节点的处理能力、存储能力和通信能力相对较强，它最为重要的作用就是实现通信协议的转换，成为传感器网络与互联网等外部网络连接的桥梁。汇聚节点可以实现数据的双向传输，既能发布任务管理节点下达的监测任务，又可以实现对收集数据的转发。

在任务管理节点中，用户实现了对无线传感器网络的高效配置、管理、任务下达和实时监测等业务内容。

无线传感器网络的组建及整体工作流程一般可以概括为如下五个步骤：

① 用户在监控区域内通过飞机播撒、炮弹发射或其他人工方式随机部署大量廉价的微型传感器节点。

② 用户通过任务管理节点对部署的无线传感器网络进行正确的配置。

③ 用户通过任务管理节点发布无线传感器网络的监测任务。

④ 无线传感器网络实时采集监测区域内的数据并进行数据处理，当监测到与监测任务一致的事件或信息时，立即通过多跳路由的方式发送到汇聚节点。

⑤ 任务管理节点通过外部网络接收需要采集和监控的数据信息。

1. 传感器节点结构

无线传感器网络中的传感器节点，结构与传统传感器网络节点十分相似，根据通信方式的不同略有差异。一般情况下，无线传感器网络的传感器节点也由以下四个基本单元组成：数据采集单元、数据传输单元、数据处理单元以及能量供应单元，如图 6 - 4 所示。

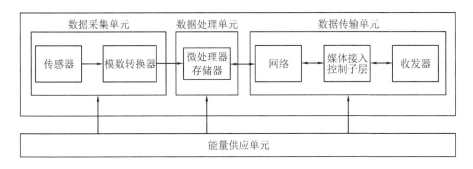

图 6 - 4　传感器节点结构

数据采集单元主要由传感器和模数转换器这两个子模块组成，其中的传感器模块负责采集数据，而由于微处理器只能对数字信号进行处理和加工，所以需要把传感器节点采集到的模拟信号传递至模数转换器模块，以实现将采集到的模拟信号转换为数字信号的过程。

数据传输单元的主要作用是实现传感器节点与其他节点之间的通信，达到与其他传感器节点交互控制信息和收发数据的目的。

数据处理单元控制着整个传感器节点的运行，一般由微处理器和存储器两个子单元构成。微处理器单元的作用是对节点自身采集到的数据以及其他传感器节点转发的数据进行实时处理，而存储器单元主要用来对节点自身采集到的数据、其他传感器节点转发而来的数据和数据处理过程中的临时数据等进行存储。

能量供应单元的作用是为传感器节点提供持续的能量供给，保证传感器节点的正常运行，对整个系统能否实现安全可靠的工作起到至关重要的作用。前面的章节中也提到，无线传感器网络的供电方式主要是电池供电，由于传感器节点通常工作环境比较恶劣，数量又较多，更换电池的工作十分繁重和困难，所以在传感器节点的设计过程中，需要把低功耗作为最重要的设计要素之一。

除了以上四个单元外，无线传感器节点还可以扩展连接其他的辅助单元，如移动系统、定位系统和自供电系统等。

2. 无线传感器网络节点拓扑结构

无线传感器网络最主要的特点之一就是不需要底层的基础设施支撑，在监测区域内部署好传感器节点后，就可以自行组织并构成网络。节点的拓扑结构一般可以分为基于簇的结构和基于平面的结构两种。

1）基于簇的拓扑结构

在无线传感器网络技术中，簇一般被定义为具有某种关联的网络节点的集合，每个簇由一个簇头和多个簇成员组成。基于簇的拓扑结构如图 6-5 所示，其中，每个簇成员都会把数据传递到簇头，由簇头完成数据的分布式处理和融合，然后借助其他簇头的多跳转发或直接传递，将信息发送到用户节点。这种结构具有天然的分布式处理能力，其结构与普通的传感器节点并无区别，由簇头负责大量的通信和计算任务。为了降低能量的消耗速度，簇中的成员通常会按照某种规则选择簇头，或者选择剩余能量最多的成员作为簇头。

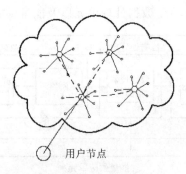

用户节点

图 6-5　基于簇的拓扑结构

2）基于平面的拓扑结构

基于平面的拓扑结构包括两种，分别是基于网的平面结构和基于链的线结构，如图 6-6 所示。基于网的平面结构中，传感器网络节点组织呈网状形式，各个传感器节点结构与功能特性完全一致，而且每个节点只允许与其距离最近的节点进行通信。在这种结构下，如果个别链路和传感器节点发生故障,就不会引起网络系统的瘫痪,使得网络的容错能力及鲁棒性较好。继续观察基于网的平面结构,其信源可以通过多跳传输通道到达信宿,这样当个别传输链路发生问题后,也不会造成数据传输的中断,使得节点可以自适应地改变传输通道,极大地提高数据传输可靠性。基于链的线结构中,用户节点与链尾相连,多跳链路可以经过同一个传感器节点,由于这种形式更容易实现,在无线传感器网络初始化时一般会更多地采用这种拓扑结构。

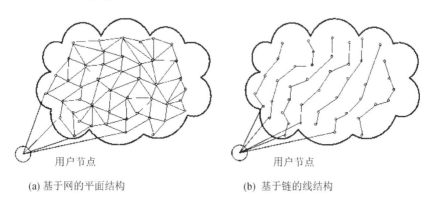

(a) 基于网的平面结构   (b) 基于链的线结构

图 6-6 基于平面的拓扑结构

3. 无线传感器网络协议栈

无线传感器网络的协议栈与以太网的协议栈(五层协议)对应,分别为物理层、数据链路层、网络层、传输层、应用层,如图 6-7 所示。除了五层结构外,协议栈还应该包括能量管理平台、拓扑管理平台和任务管理平台。这些管理平台使传感器节点能够以提高能源使用效率为宗旨进行协同工作,使节点能够在移动的传感器网络中转发数据信息,满足多任务需求和资源共享需求。下面将逐层、逐模块进行说明和介绍。

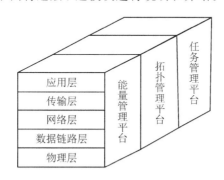

图 6-7 无线传感器网络协议结构

1)物理层

物理层可以让网络通信获得简单且健壮的信号调制和无线收发能力,物理层的协议涵盖有无线传感器网络采用的传输介质、选择的频段以及调制方式等,常用的传输介质主要有无线电、红外线和光波等。

2)数据链路层

数据链路层负责数据成帧、帧检查、介质访问控制、差错控制及数据流的多路复用等工作，可以保证无线传感器网络内点到点和单点到多点的可靠连接以及传输数据的正确性。其中，差错控制侧重于保证目标节点能够准确无误地接收源节点发出的信息。而介质访问控制主要作用是为数据的传输建立连接以及在各节点间合理有效地分配网络通信资源，降低与相邻节点传输冲突的概率，介质访问控制对传感器节点间的高效协调和网络拓扑结构的适应能力起到了决定性作用。

3）网络层

网络层的主要任务是实现路由生成与路由选择，如分组路由、网络互连、拥塞控制等。由于大多数传感器节点与基站之间无法进行直接的通信，所以需要通过中间节点以多跳路由的方式将数据传输至汇聚节点，在无线传感器网络的传感器节点和汇聚节点之间根据特殊的路由协议建立传输路径，保证数据的可靠传输。

4）传输层

传输层的主要任务是对数据流的传输控制，实现传感器网络的网络层和外部应用层之间数据格式的转换，向应用层提供可靠、高质量的数据传输服务。无线传感器网络监测的数据在汇聚节点处融合，经由互联网、卫星通信网络以及移动通信网络等与外部网络连接，将传感器网络的内部数据寻址方式变换为外部 IP 地址寻址方式，保证用户享受到高质量的应用服务体验。

5）应用层

应用层包含一系列基于监测任务的应用层软件，可以为不同的应用提供一个相对统一的高层接口。应用层软件与具体的应用场合和环境密切相关，必须根据感知任务的类别设计不同类型的应用层软件。

6）能量管理平台

能量管理平台负责全面管控传感器节点的能源使用条件和方式，需要对各个协议层进行管理，以降低系统的能源损耗。例如，一个节点接收到其邻近节点发送的消息后，为了避免接收重复的数据，该节点会自动关闭接收通道；再比如，当节点的能量过低时，节点会发送一个广播消息给周围节点，警示自己能量告急，需要保留剩余能量用于感知数据和自身消息的传递。

7）拓扑管理平台

拓扑管理平台的主要职责是检测并注册传感器节点的移动，维护与汇聚节点相关的路由，使得传感器节点能够动态地跟踪相邻节点的位置信息，平衡能源消耗和任务。为了支持和适应传感器的移动属性，系统必须在物理层完成测量任务，在控制层进行切换控制操作，在网络层对路由进行调整和维护，在更上面的层级中提供数据缓存和拥塞解决方案。

8）任务管理平台

任务管理平台可以在一个给定的区域内平衡和调度监测任务。任务管理平台根据任务量的大小以及各节点能量的多少，对各个节点的任务量进行协调与分配，剩余能量较高的节点需要承担更多的感知任务。

上面的 3 类管理平台可以很好地实现对无线传感器网络中能量的使用情况、节点的移动状态和多任务的管理与分配形式的监管，提高传感器节点的协同工作效率。在这些平台的辅助下，传感器节点可以利用较低的能耗合作完成某些监测任务，以及通过移动的节点来传输数据，实现节点之间的资源共享服务。

6.2.2　无线传感器网络关键技术

无线传感器网络作为信息领域研究的热点，实现了多学科的交叉研究，并且衍生出了许多新型的应用和经典的技术，这些技术是支撑传感器网络完成任务的关键，也是网络用户实现功能体验的前提与保障。下面将从不同的维度对无线传感器网络中的关键技术进行介绍。

1. 基础服务方面的关键技术

无线传感器网络在基础服务方面的关键技术有传感器节点管理、数据存储与访问、数据融合技术、时间同步技术、定位技术等。

1）传感器节点管理

对无线传感器网络的研究中，传感器节点的管理已经成为核心研究内容之一。节点管理的目的是在保证无线传感器网络应用需求的前提下实现节点能量的有效使用。节点管理的研究方向比较集中于节点的休眠/唤醒机制和节点的功率管理机制。

由于无线传感器网络中节点分布的密集程度，相邻节点采集的信息数据必然存在较高的相关性属性，势必会带来较大的数据冗余，使得在传输信息的过程中数据包的冲突也会持续增大。同一区域的节点数越多，信道竞争也就越激烈，数据包冲突的可能性就越大。节点的休眠/唤醒机制研究内容是，如何使调度节点以最高效的交替工作模式工作，节省节点的有限能量，从而提高整个网络的生命周期。最为理想的情况无外乎使工作的传感器节点实现监测区域的全覆盖，避免监测缺失情况的发生。

节点的功率管理机制研究的则是如何通过降低节点的无线通信发射功率来减少节点工作能量的消耗。在无线传感器网络中，传感节点采用多跳的通信方式实现相互间的数据传递，节点的通信半径一般会大于其与相邻节点的探测半径。那么，通过降低节点的发射功率及采用短距离多跳的形式完成节点的通信过程，就可以有效地提升网络空间的复用率及吞吐量。值得注意的是，如果发射功率降得过低，部分节点就会有脱离网络的风险，所以需要在能够确保网络中节点具有双向连通性的前提下，尽可能地降低节点发射功率，达到对传感资源进行动态管理的目的。

2）数据存储与访问

无线传感器网络是以数据为中心的网络，虽然网络应用的场所和硬件部署不尽相同，但是从数据层面分析，传感器网络的关注重点是如何有效地存储各个传感器节点实时感知的数据，以及如何保障数据访问的效率、可靠性和实时性，因此，数据存储与访问策略及其相关技术是重点研究方向。具体来说，数据存储与访问技术研究的主要内容包括如何将采集到的感知数据按照一定的存储策略存储在网络上的特定位置，以及其他传感器节点或者基站如何根据数据访问请求按照相应的访问策略路由到相关数据的存储位置，将满足数据访问请求的结果反馈给用户，究其本质，数据存储与访问是一个信息中介过程。

3）数据融合技术

数据融合技术是无线传感器网络的关键技术之一，通过一定的算法可以对传感器节点采集到的大量原始数据在网络范围内进行处理，剔除冗余信息只将少量有意义的处理结果传输到汇聚节点中。采用数据融合技术能够极大减少无线传感器网络的传输数据量，降低数据冲突，减轻网络拥塞，有效节省能源开销，延长网络使用寿命。数据融合技术涵盖了检测技术、信号处理、通信、模式识别、决策论、不确定性理论、估计理论和最优化理论等众多学科领域。根据融合规则的不同，可以分为有损融合、无损融合、依赖于应用的融合、独立于应用的融合、基于分布式数据库的融合及基于中心的融合等多种类型。关于数据融合的内容将在下一小节作更加具体的介绍。

4）时间同步技术

在分布式系统中，不同的节点都有自己的本地时钟，由于节点的晶振频率彼此存在一定的偏差，以及受到温度变化和电磁波等因素的干扰，时钟不一致的问题不可避免。即使在某个时刻所有传感器节点都达到了时间的同步，也不能保证这种同步能够在随后的任意时间不变。传统网络的时间同步机制主要关注如何使同步误差值最小化，而并不关心计算和通信复杂度等的影响。但是由于无线传感器网络受到成本及能量等方面的诸多制约，所以在解决时间同步问题上必须要考虑对硬件的依赖和通信协议的能耗问题。因此，比较常见的 NTP(Network Time Protocol)、GPS 等时间同步机制不再适用或者不完全适用于无线传感器网络，需要进行针对性的修改或设计方可满足要求。

5）定位技术

由于大部分无线传感器节点都是大量随机部署的，所以在监测应用中需要节点在传输的数据中补充所在的位置信息。无线传感器网络中的定位技术包括传感器节点自定位和网络区域内的目标定位跟踪两个方面。全球定位系统(GPS)技术是最为常用的自定位手段，但是这项技术的成本较高，而且要求节点所在环境必须能够接收到 GPS 信号，所以并不适用于室内或者水下环境。针对无线传感器网络，目前比较常用的节点定位方法是混合定位法，即部分节点使用 GPS 定位，其他节点根据拓扑结构和距离关系采用间接位置估算的方法获得位置信息。目标定位跟踪技术是在节点自定位的基础上，通过节点之间的配合实现对网络区域中特定目标的定位和跟踪。无线传感器网络的应用与节点定位技术发展的程度密切相关，技术本身也纵深到很多其他的研究方向，如定位精度、网络规模、锚节点密度、网络的容错性和鲁棒性、功率功耗等。可以说，对节点定位问题的探究不仅是十分必要的，而且还具有非常重要的现实意义。

2. 网络与通信技术

网络可以将孤立的工作站或主机连接起来构成数据的链路，实现资源的共享和通信。网络通信技术包括有线网络与无线网络两种，能够适应长短距离的融合，提高物与物间的传输效率。生活中并不陌生的 Wi-Fi、蓝牙等通信方式，是极具代表性的网络通信技术，已经极大地改变了人们的生活方式和体验。随着计算机网络通信技术及物联网技术的快速发展，对网络的通信质量、容量和速度都提出了更高的要求。同时，由于网络的开放性、公开性、共享性特征，暴露于网络环境中的数据信息在传输、存储过程中非常容易遭到泄露、恶意攻击或窃取，为用户带来精神、财富上的巨大风险，所以网络信息安全问题也成为网络通信技术发展进程中亟需重点解决的问题。

无线传感器网络应用成功的关键，除了依赖上述基础服务技术外，无线通信网络的功能与性能也非常重要，网络通信协议、网络拓扑结构控制技术以及网络安全等多个方面的研究也是无线传感器网络应用研究的核心任务。

　　1）网络通信协议

　　网络通信中最重要的就是网络通信协议，局域网中目前最常用的网络通信协议有 Microsoft 的 NETBEUI、NOVELL 的 IPX/SPX 和 TCP/IP 协议。受限于传感器节点的计算能力、存储能力、通信资源以及能量，每个传感器节点只能获取庞大网络中的部分拓扑信息，所以与传感器节点通信的网络通信协议也不能过于复杂。同时，随着网络拓扑结构的升级和扩大，以及网络资源的储备与共享，网络通信协议本身需要完成更多的信息通信和传输任务，设计要求和难度都在不断提高。

　　无线传感器网络通信协议要求使各个独立的传感器节点相互连接并通信，形成一个多跳的网络结构，保证数据在网络上的正确传输。目前，针对无线传感器网络通信协议，研究主要集中在网络层协议和数据链路层协议两个方面：网络层（路由）协议明确传感器节点的感知数据在网络上的传输路径，使其能够快速、高效、准确地送达访问用户端（网络层关心的是整个无线传感器网络的能量消耗是否均衡）；数据链路层协议用来构建底层的基础结构，控制传感器节点的通信过程和工作模式。由于无线传感器网络是以数据为中心的，所以不需要对每个传感器节点进行全网统一编址，数据传输时的传输路径可以不根据节点的地址而是根据感兴趣的数据内容来选择，建立数据源到汇聚节点之间的转发路径，这样就不需要关心感知数据的准确来源。

　　2）网络拓扑结构控制技术

　　对采用自组织方式进行组网的无线传感器网络来说，网络拓扑结构控制对网络性能有着重大影响。无线传感器网络拓扑结构控制主要研究的是如何在保障网络覆盖度和连通性的前提下，设置或调整节点的发射功率，然后按照一定的原则选择出骨干节点参与网络中的数据处理和数据传输，以此达到优化网络拓扑控制的目的。利用网络拓扑结构控制技术可以自动生成良好的网络拓扑结构，提高路由协议和 MAC 协议的效率，为基础服务技术的研究奠定一定的基础。

　　3）网络安全

　　无线传感器网络由于部署环境和传播介质的开放性，很容易遭受到各种攻击，而作为一种源于军事应用领域的自组织网络，其安全通信和认证技术显得尤为重要，需要制定一套完善高效的安全保护机制为网络系统保驾护航。无线传感器网络安全技术研究的主要方向为通信安全和信息安全，其中，通信安全是面向网络基础设施的安全，用来确保无线传感器网络内数据采集、数据融合和数据传输等基本功能的正常运行；信息安全是面向用户应用的安全，主要用来保障网络传输数据的真实性、完整性和保密性。网络在应用过程中，必须加强对网络的安全防护，采取必要的防护措施（如设置数据信息备份、安全等级、安全密钥、防火墙等），提高网络系统的安全等级，确保用户数据信息存储、传输的安全性，使用户体验到更加安心的服务。受到内存和能量等资源的限制，比较典型的基于公开密钥的加密鉴别算法在无线传感器网络安全保护中并不能发挥最大的效能；而 SPINS（网络安全加密协议）这一典型的多密钥协议，在数据机密性、完整性和可认证性等方面都作了充分的应对和思考，是目前无线传感器网络安全机制中较为实用的方法。

3. 故障诊断技术

无线传感器网络系统易发的故障类型有网络级故障和节点级故障两类。网络级故障是指因网络通信协议或协作管理方面的问题或其他原因造成的较大规模的故障，容易导致整个网络系统的瘫痪，而且网络级故障的很大一部分诱因是构成节点的部件本身发生了故障。节点级故障是指故障节点不能与其他节点进行正常的通信，对网络的连通性和覆盖性造成了影响，或者指故障节点虽然能够与其他节点进行正常通信，但是其测量的数据是错误的，也会对整个网络的监测任务带来影响。故障诊断技术是指根据设备或系统的运行状态信息查找故障源，同时确定相应的诊断策略的技术，这项技术可以及时准确地对网络中的各种故障状态作出及时的感知和判断，使系统能够更加可靠、安全、有效的运行。故障诊断技术的研究和发展为网络的应用起到了非常重要的推进作用。

传感器节点成本低廉，在长时间工作后其故障率和不可靠性逐渐增大，又加上大量的传感器被随机地部署在一些不可控甚至十分危险的环境中，故障节点感知的数据如果出现错误，一旦经过其他传感器节点传输到汇聚节点，就容易使用户因获取错误的监测信息而产生错误的决策，从而为系统或应用带来隐患。所以，为了保证传感器网络自身的使用安全以及服务质量，准确地排除网络中的故障节点尤为重要。

对无线传感器网络系统的网络级故障诊断，根据网络拓扑结构的不确定性通常可以选择固定拓扑结构故障诊断和动态拓扑结构故障诊断方法；对节点级故障诊断，方法也有很多，比如根据故障持续时间划分的间歇性故障诊断和永久性故障诊断，按照故障的性质划分的硬故障诊断和软故障诊断等。由基站集中式收集每个传感器节点的信息并诊断故障节点的方法虽然简单，但是成本无疑是巨大的，而在很多的应用中均要求网络采用能耗低、效率高并具有实时特性的节点故障诊断方法来排除网络中的故障节点，那么分布式的实时节点故障诊断方法无疑是非常适合的。目前，关于无线传感器网络系统的故障诊断方法还没有统一的标准，需要在使用中针对不同类型的故障，选择不同的诊断方法。

6.2.3 无线传感器网络特点

无线传感器网络可以实现数据的采集量化、处理融合和传输应用，是信息技术的一个新领域，它除了与无线自组织网络具有共同特征（移动性、电源能力局限性等）外，还具有很多其他鲜明的特点，包括大规模、自组织、以数据为中心。

1）大规模

为了很好地完成监测任务，获取精确的感知信息，无线传感器网络在监测区域内通常会部署数以千万计甚至更多的传感器节点，因而传感器网络的规模十分宏大。其实，这里所说的大规模包括两个方面的含义：一方面是说传感器节点分布在很大的地理区域内，如在原始森林采用无线传感器网络进行森林防火和环境监测任务时就需要部署大量的节点；另一方面是说传感器节点的部署相对密集，在很小的范围内就会密集部署大量的节点。无线传感器网络能够从不同的空间视角获得信息，使系统具有更大的信噪比；能够通过分布式方式处理大量的采集信息，从而提高监测的精确度，降低对单个传感器节点精度的要求；能够允许大量冗余节点的存在，使系统具有很强的容错能力；能够增大覆盖的监测区域，减少洞穴或者盲区的出现。

2）自组织

在无线传感器网络应用中，传感器节点通常会被放置在没有基础结构的地方，比如，当通过飞机播撒的方式将大量传感器节点放置于面积广阔的原始森林或人员不可到达的危险区域时，节点的安装位置并不能预先精确设定，而且相邻节点的关系也未知，这就要求传感器节点具有自组织的能力，能够自动完成配置和管理工作，通过拓扑控制机制和网络协议自动形成能转发监测数据的多跳无线网络系统。

另一方面，网络应用中部分传感器节点因电能耗尽或环境因素会导致失效或故障，为了避免失效节点引起的功能异常，增加监测系统精度，也需要补充部分新的传感器节点到网络中，使得网络中的节点个数出现动态地增加或减少。除此之外，环境条件变化导致的无线通信链路带宽变化，传感器网络的传感器、感知对象和观察者的移动，都有可能使网络的拓扑结构发生动态的调整，这就要求传感器网络系统能够利用网络的自组织性来适应拓扑结构的动态变化，具有动态系统的可重构能力。

3）以数据为中心

计算机终端系统的互联互通形成了互联网的组织架构形式，互联网系统中的网络设备利用唯一的 IP 地址标识进行资源定位，依赖终端、路由器、服务器等网络设备的 IP 地址来完成信息的传输任务，也就是说，如果想要访问互联网中的资源，首先就需要知道存放资源的服务器 IP 地址，互联网可以视为以地址为中心的网络。

无线传感器网络是任务型网络，脱离传感器网络谈论传感器节点没有任何意义。传感器网络中的节点采用节点编号标识，是否需要节点编号唯一取决于网络通信协议的设计。由于传感器节点是随机部署的，构成的传感器网络与节点编号之间的关系是完全动态的，表现为节点编号与节点位置间没有必然的联系，那么用户在使用传感器网络查询事件时，就会将所关心的事件直接通告给网络，而不是通告给某个确定编号的节点，网络在获得指定事件的信息后再反馈给用户。所以，无线传感器网络通常来说也是一个以数据为中心的网络，这种以数据本身作为查询或传输线索的思想更接近于自然语言交流的习惯。

6.2.4 无线传感器网络应用

无线传感器网络包含大量的可探测振动、磁热、图像和声音等信息的传感器节点，可以用于实现对周边环境的连续监测、物体探测、位置识别和跟踪、本地控制执行等任务。它是一门涉及微电子、传感器以及无线通信技术的交叉学科，已经被广泛应用于军事领域和民用领域（包括农业、环境、工业、医疗、家居生活等众多方面），同时，在空间探索、土木工程、物流管理等方面也有着广阔的应用前景。

1）军事领域

无线传感器网络非常适合应用于恶劣的战场环境中，早在 20 世纪 90 年代美国就开始了无线传感器网络在军事领域应用的研究工作，在监测敌军区域、战场状况、核攻击或者生物化学攻击、定位目标物等方面均挖掘了巨大的价值，为作战提供了有力的支持。"智能尘埃"和"沙地直线"便是两个极具代表性的军事应用研究项目，"智能尘埃"项目是由具有计算能力的低成本、低功耗的超微型传感器所组成的网络，可以实现对周围环境温度、光亮度和振动程度的监测，甚至是实现对辐射或有毒化学物质的监测；"沙地直线"项目研究的是如何将低成本的传感器覆盖整个战场以获得准确的战场信息。未来世界的战争将摒弃近距离作战方式，向着技术型、信息化方向发展，无线传感器网络的特性和优势可以加快作战发展进程，在信息化作战中也将发挥重要的作用。更为详细的军事应用见第八章内容。

2) 民用领域

无线传感器网络发展之初，由于受到传感技术及网络技术的制约，在民用领域还不能大范围普及，但是随着网络技术的快速发展，加之制作工艺的优化、硬件成本的降低，在民用领域也开始被大量投入使用。

(1) 环境保护。

人们对环境情况的关注度不断提高，无线传感器网络的出现为环境数据的采集、环境保护的研究提供了便利，这种非接触式的环境感知方式很好地避免了对环境本身的破坏，非常适合用于候鸟跟踪、昆虫迁移等方面的研究，或者用于探究气象和地理环境，监测地震、洪水、火灾等自然或人为灾害场景。

(2) 医疗。

无线传感器网络在医疗方面也有很深的渗透，如对人体生理数据的远程采集、医护人员和患者之间的互动、药品的管理等。

生理数据的采集方式是指，利用人体安装的微型传感器，在线测得并传输人体的生理参数信息(如血压、脉搏等)，通过对人体数据的持续监测和对比分析，确定人体正常的生理参数范围，使得一旦发现异常情况就可以通过网络将信息传递到远程监护端，实现预警及快速诊治，保障人体健康。服务于医疗系统的无线传感器监测网络，通过为每位患者佩戴无线传感器节点，进行数据的网络传输，便于对患者的远程定位及监测，为医患间的互动带来了新思路和新方式，提高了患者的就医体验，也降低了医患矛盾发生的概率。因为患者佩戴着具有标识性的传感器节点，就可以将处方、药品的电子标签与患者的传感器标识绑定，极大地降低患者误服的风险。

(3) 智能建筑。

文物保护和古建筑物保护的目的就是最大程度地降低各种因素的影响，避免珍贵的古建筑或者文物的损坏。为了充分地了解待保护对象及所处环境的情况，需要部署包括温度、湿度、压力、加速度、光照等多种类型的传感器节点对信息进行采集。无线传感器网络的组建，不需要依赖传统的有线形式，不会对文物或建筑物带来更多人为的破坏，非常适合对其进行长期的监测。此外，无线传感器网络可以对楼宇、桥梁和其他建筑物实现自动感知及信息传输，管理部门可以在结合相关经验的基础上，分析目标的受损情况，按照优先级组织安排相关的修复工作。智能家居也是近几年讨论得比较热烈的话题之一，无线传感器网络也为这项应用提供了可能，通过在室内、家电和家具中嵌入温度、湿度、光照、空气成分等多种传感器节点，借助无线网络与互联网相互连接，感知测试对象的微观状态，调整环境、家电的自动控制策略，为使用者提供舒适、方便和更具人性化的家居条件。

(4) 空间探索。

空间探索一直是人类的梦想，但是空间探索的范围广阔，仅仅依靠发射少量的航天器难以实现对其他天体及外太空的全面探测。在现代航天技术中，航天器上已经部署了大量的无线传感器网络节点，考虑到太空的特殊环境，这些传感器节点设计得非常小巧，成本低，但科技含量高，相互之间可以直接进行通信，也可以建立与地面站的通信网络，这样就可以对人类目前无法到达或无法长期工作的其他天体表面进行大范围、长时间、近距离的监测和探索，极大地降低了勘探成本。

6.3 多传感器信息融合

无线传感器网络采集到的信息类型和信息量非常庞大，如果不能采用有效的方法将传感器数据充分利用及从中挖掘隐含信息，就无法实现无线传感器网络设计的最初构想。所谓多传感器信息融合（Multi-Sensor Information Fusion，MSIF），就是利用计算机技术将来自多传感器或多源的信息和数据，在一定的准则下加以自动分析和综合，以完成需要的决策和估计而进行的信息处理过程。

6.3.1 多传感器信息融合概述

随着传感器应用技术、数据处理技术、计算机软硬件技术和工业化控制技术的发展成熟，多传感器信息融合已经成为一门热门的新兴学科和技术，相关研究成果也已经在国内的很多信息定位和识别应用中发挥了重要的作用，相信多传感器信息融合技术还会向着更加智能化和精细化的方向快速革新，成为用于综合处理和研究数据、图像等信息的专门技术。

很早就有学者开始了对信息融合技术的研究，产出的很多重要理论及成果至今仍在沿用和发展。从 20 世纪 80 年代末开始，关于信息融合领域的国际会议每年都会组织召开，国内高校和科研机构在政府、国防和各种基金部门经费的资助下，也开始了对多传感器信息融合技术的研究，并且在 20 世纪 90 年代初逐渐形成了高潮。虽然与国际领先的科技成果相比，国内的技术水平仍存在一定的差距，但是国内对新一代多传感器应用系统的重视、投入与研究，将会对数据融合的基础研究和应用研究带来更多新的机遇和挑战，前景一片向好。

图 6-8 以人体为例，形象地解释了多传感器信息融合的基本原理，其中，大脑是信息融合的决策中心，眼、耳、鼻等各种功能器官感知到的具有不同度量特征的信息可以在大脑中借助先验知识进行综合处理，形成统一的融合决策，进而转化成为能够对环境进行有

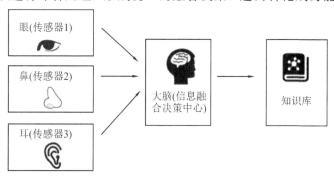

图 6-8 多传感器信息融合基本原理

价值的解释以及用于解释这些组合信息的知识库。

传统意义上的信息融合(也称为数据融合)是一种对信息多层次、多方面的处理过程,这个过程是指对多源数据进行检测、结合、相关、估计和组合,用以达到精确的状态估计和身份估计,以及获得完整及时的态势评估和威胁评估。目前对于信息融合比较确切的定义可以概括为:利用计算机技术对按时序获得的若干传感器的观测信息,在一定准则下加以自动分析、综合以完成所需的决策和估计任务而进行的信息处理过程。通过定义可以发现,这一过程将会涉及数据预处理、数据关联、数据决策和数据融合等多项关键技术。多传感器信息融合的优势很多,比较突出和重要的是下面几点,在此,结合如图 6-9 所示的多传感器信息融合示意图,更加直观地加以阐明。

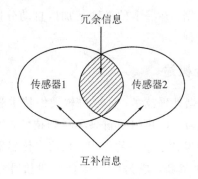

图 6-9　多传感器信息融合示意图

(1) 提高系统检测精度。

独立地观察各传感器采集到的信息,往往是片面或者不精确的,它们都只反映出检测对象某一维度的信息,而无法对目标形成一个全面的整体认知。多传感器信息融合系统充分利用传感器信息的互补性,综合多个传感器的数据内容后进行分析、决策或判断,从而获取对检测目标的共性反映,降低信息的不确定性,提高信息的利用率和系统的检测精度,得到比单个传感器更有保障的结果或结论。多传感器之间的信息互补能够全面感知由单个传感器系统所不能感知的信息特征,拓宽了系统处理信息的能力,在对需要精准控制的应用场合,这项优势是其他技术不可比拟的。

(2) 增强系统抗干扰性。

不同传感器所提供的信息特征是不完全相同的,多传感器信息融合系统能够汇聚大量传感器感知信息,宏观而全面地捕获和挖掘与事物本质更加贴近的特征内容,从而大大加强了系统的抗干扰能力。图 6-9 中,多个传感器数据之间会存在一定的重叠区域,导致冗余信息的生成,但恰恰因为这些冗余信息的存在,系统的抗干扰性反而会增强,保障了在某个传感器出现故障或错误时,整个系统的正常运转。

(3) 提高系统容错能力。

在传统的单传感器系统中,任何一个传感器出现故障,都可能对系统的整体运转带来影响,然而在多传感器信息融合系统中,可以通过增加测量维度和置信度的方式来屏蔽出错或故障传感器的影响,提高系统的容错能力,改进系统可靠性和可维护性。

（4）扩展信息获取的时空范围。

多传感器信息融合系统扩展了信息获取的时空范围，一方面可以在不同时刻获得更加全面、精确的状态数据，以及在相同的时间内获得更多的信息内容，在提高系统实时性的同时又降低了信息获取的成本；另一方面利用多传感器的分布式探测结构，可以扩大传感器的空间探测区域，提高探测能力。

6.3.2　多传感器信息融合模型

1. 层次模型

多传感器信息融合与经典信号处理方法之间存在本质的区别，多传感器的信息表征具有更加复杂的形式，而且可以从不同的层次上获得，将与目标属性相关的多传感器观测数据通过融合算法进行综合分析处理后，通常可以产生比任何单传感器更加具体和精确的属性估计和判决。信息表征的层次可以按照对原始数据的抽象化程度划分为数据层、特征层和决策层，对应每一个层次都有其适用的融合算法，下面分别进行更为详细的说明。

1）数据层融合

数据层融合也称低级或像素级融合，数据层融合结构如图 6-10 所示，数据层融合通常是以集中式融合体系结构进行的。首先采集全部的原始传感器数据进行融合，再从融合的数据中提取能够反映目标特征的特征向量，最后输出判定识别结果。数据层的信息融合要求传感器必须满足同质性，即传感器观测的是同一个物理现象，如果多个传感器是异质的，那么数据只能在特征层或决策层进行融合。虽然数据层的融合难度相比较低，但是由于能够保持尽可能多的现场数据，不存在数据丢失的问题，所以可以提供其他融合层次所不能提供的细微信息，得到最为准确的结果。数据层融合也存在一定的局限性，比如待处理的传感器数据体量大、系统抗干扰能力较差、处理代价高、实时性较差等，而且通过前面的学习已经了解到，传感器获取的原始信息存在不确定性、片面性和不稳定性的特点，这就对信息融合技术的纠错能力提出了更高的要求。

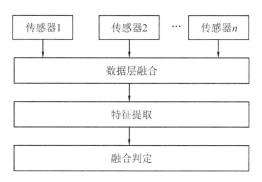

图 6-10　数据层融合

传统的检测和估计方法就属于比较常见的数据层融合技术，在多源图像复合、图像分析与理解、同质雷达波形的直接合成等领域主要还是采用数据层融合技术。

2）特征层融合

特征层融合也称中级或特征级融合，通常采用分布式或集中式的融合体系。特征层融合结构图6-11所示，可以发现，这种融合技术在使用时，首先会对各传感器提供的原始数据提取有代表性的特征，然后使用模式识别等方法对特征信息进行融合判定。特征层融合技术要求利用每个传感器独立地观测目标对象及提取特征信息后再进行相应的融合处理。特征层融合所提取的特征与决策分析直接相关，融合后的内容可以最大限度地为决策分析提供更有价值的特征信息。但是由于融合过程会产生对客观信息的压缩，虽然有助于数据的实时处理，降低对通信带宽的要求，但不可避免地会在一定程度上造成准确性的下降。

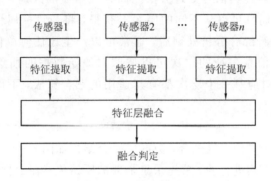

图6-11　特征层融合

3）决策层融合

决策层融合也称高级或决策级融合。决策层融合结构如图6-12所示，不同类型的传感器从不同维度对同一个目标进行观测，每个传感器在本地独立地完成数据采样、预处理、特征提取、判决等操作，建立各自对所观测目标的初步结论，决策层基于对这些结论的融合判决，得出最终的联合推断结果。决策层信息融合过程对传感器的数据进行了更大幅度的浓缩，传输的数据量较小，对通信带宽的要求最低，但是产生的结果是三种方式中准确度最低的。

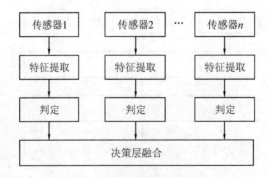

图6-12　决策层融合

属于决策层融合的主要方法有贝叶斯推理、模糊集理论、专家系统等，这些方法灵活性和容错性强，适用性广泛，能够从不同维度理解环境或目标信息。

　　了解了多传感器信息融合的层次模型后，在进行融合系统的设计过程中需要综合考虑传感器的性能、系统的计算能力、通信带宽、目标准确率等多重因素，以确定最为适用的融合模型。有实验结果表明，待处理的数据越靠近信源，对精度的要求也就越高，在上述三种结构中，数据层融合、特征层融合、决策层融合的处理精度依次下降。

2. 结构模型

　　多传感器信息融合的主要过程如图 6-13 所示，包括传感器的信息获取(如 A/D 数据采集)、数据预处理、信息特征提取、数据融合计算和融合结果输出，其中，信息特征提取和数据融合计算共同组成了数据融合中心。根据传感器和数据融合中心信息流的关系，信息融合的基本结构可分为串联型、并联型、串并混联型和分散型四种形式。

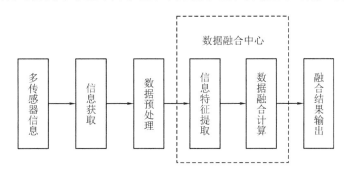

图 6-13　多传感器信息融合过程

　　1) 串联型

　　串联型融合结构如图 6-14 所示，首先将两个传感器数据进行一次融合，再将得到的融合结果与下一个传感器数据进行融合，以此类推直至将所有的传感器数据全部融合在一起并输出最终的融合结果。在串联型融合的结构中，每个单传感器均有各自的输入和输出数据，各传感器数据与上一级传感器的输出数据形式有一定的关联性，所以这种融合结构的前一级传感器的输出会对后一级传感器的输出产生比较大的影响，最终输出的融合结果会受到前级所有输出信息的共同影响。

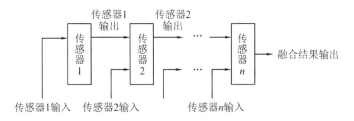

图 6-14　多传感器信息串联型融合结构

　　2) 并联型

　　多传感器信息并联型融合结构如图 6-15 所示，这种融合结构首先汇总所有的传感器数据，然后传输至数据融合中心，数据融合中心对上述不同类型的数据按照相应方法进行综合处理，最终输出融合结果。从融合的过程来看，传感器收集的数据可以不受时空的限制，既可以是来自同一传感器不同时刻的数据，或者是来自不同传感器同一时刻或不同时刻的数据，也可以是来自同一时刻的同一层次或不同层次的数据，这些数据之间不会相互影响，所以这种结构非常适合解决多传感器时空信息融合的问题。

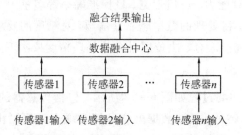

图 6 - 15　多传感器信息并联型融合结构

3）串并混联型

串并混联型多传感器数据融合可以理解为串联型和并联型两种融合结构的组合，可以根据实际应用的要求，选择合适的串并联组合形式和顺序。

4）分散型

多传感器信息分散型融合结构如图 6 - 16 所示，这种结构首先将若干个传感器分组后进行初级融合，然后针对初级融合的结果再次进行融合，最终输出融合结果。

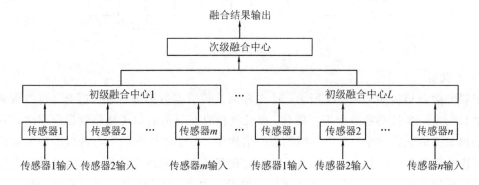

图 6 - 16　多传感器信息分散型融合结构

3. 算法模型

多传感器信息融合采用的算法模型主要分为三类，如图 6 - 17 所示，包括基于物理模型的算法、基于特征推理技术的算法和基于知识的算法。

1）基于物理模型的算法

基于物理模型的算法主要是将实际观测数据与各物理模型或预先存储的目标信息进行匹配计算，从而实现多传感器数据融合的一类算法，通常会涉及仿真、估计及句法的相关内容。

2）基于特征推理技术的算法

基于特征推理技术的算法是通过将物体的统计信息或物体的特征数据映射到识别空间来实现的，又可以细分为基于参数的方法和基于信息论的方法。

（1）基于参数的方法。

① 经典推理法。该方法在假设目标存在的条件下，计算观测到的数据与标识相关的概

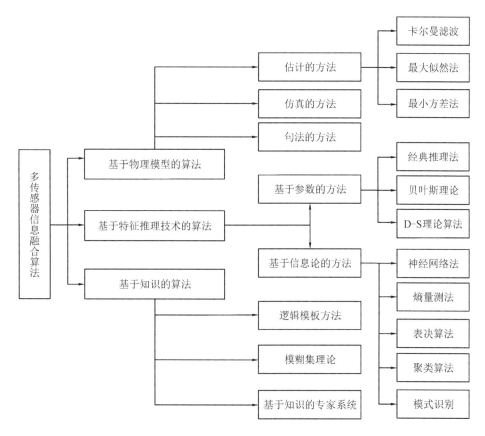

图 6-17　多传感器信息融合算法分类

率值。这种方法的主要缺点在于获取用于分类物体或事件的观测量的概率密度函数十分困难，一次推理通常只能针对两个假设进行估计，如果遇到复杂性很大的多变量数据集，就无法直接应用先验似然函数进行估计。

② 贝叶斯理论(推理法)。该方法把每个传感器都看作是贝叶斯估计器，实现将每个目标各自的关联概率分布综合成一个联合后验分布函数，随着观测值的输入，不断更新这个联合分布似然函数，并通过计算似然函数的极大值或极小值进行信息的最后融合。尽管贝叶斯推理法解决了经典推理方法的一些不足，但是这种推理算法仍然需要先验知识的支持，在实际应用中具有很大的局限性。

③ D-S 理论算法。该方法可以通过集合来表示假设，把对假设的不确定性描述转化为对集合的不确定性描述，利用概率分布函数、信任函数、似然函数来描述客观证据对假设的支持程度，基于对它们之间的推理与运算达到目标识别的目的。尽管这种方法通过对证据的积累缩小了假设集的范围，增强了系统的置信度，而且打破了先验概率和条件概率密度的限制，解决了贝叶斯理论的局限性，但是仍然存在其他比较严重的问题，比如，算法不仅存在指数复杂度的问题，而且要求证据之间是条件独立的，同时，要求辨识框架能够识别证据间的相互作用。

（2）基于信息论的方法。

① 神经网络法。该方法是在现代神经生物学和认知科学对人类信息处理研究成果的基

础上提出的，利用大量的网络节点模拟人类神经元系统的分布式并行方式来处理信息，具有很强的容错性及自学习、自组织、自适应的能力，非常适合模拟复杂的非线性映射，解决信息融合系统中信息量过大的问题。尽管神经网络法的计算机实现较为简单，但是计算量过大，这会导致对实时性的影响。随着神经网络研究的逐渐成熟和深入，新的结构和算法层出不穷，这些问题有望在未来得到解决。

② 熵量测法。该方法主要用于计算和假设与信息的度量、主观和经验概率估计等有关的问题，解决多传感器数据融合目标识别系统中可能出现的因各传感器提供信息的不完整性、模糊性、矛盾性所引发的问题。熵的概念起源于热力学，可以利用信息熵的思想对事物的不确定性进行判决，信息熵的大小决定着系统不确定性的强弱。

③ 表决算法。该方法的思路是，由每个传感器提供对被测对象状态的一个判断，然后对这些判断采取其他较为简单的判定规则进行搜索，找到一个由半数以上传感器支持的判断，输出表决结果。这种算法非常适合应用于没有可以利用的准确先验统计数据的情况。

④ 聚类算法。该方法通过适当的数学建模，可以将混乱的数据自然组合或者按照一定的规律或要求分类组合，适用于对大数据集合的快速处理。聚类算法能够挖掘出数据的关联，适用于信息融合技术中数据级的处理部分，通过对传感器采集到的数据进行分类和特征提取来有效减小融合中心的计算负担，提高融合算法的性能。影响这种算法性能的主要因素有数据排列方式、相似性参数的选择以及算法本身的选择等。

⑤ 模式识别。该方法可以用来解决数据描述与分类的问题，在高分辨率图像目标和多像素图像技术中的应用较多。

（3）基于知识的算法。

① 逻辑模板方法。逻辑模板方法本质上是一种匹配识别的方法，是指将系统的一个预先确定的模式与观测数据进行匹配计算，实现分类、识别和推理。预先确定的模式形式可以多种多样，如逻辑条件、模糊概念、观测数据以及用来定义一个模式的逻辑关系的不确定性等都可以作为匹配计算的对象。

② 模糊集理论。模糊集理论模仿了人类的思维方式，将不精确的知识或不确定边界的定义引入数学运算，在对客观事物的认知过程中抽象提取事物的共同特点，再进行概括总结，将系统的状态变量映射成控制量、分类或其他类型的数据输出。利用模糊逻辑可以将多传感器数据融合过程中的不确定性直接表示在推理过程中，而且模糊逻辑可以与不同的算法结合来提高融合的效果。构造合理有效的隶属函数和指标函数是评判模糊理论的关键指标。

③ 基于知识的专家系统。基于知识的专家系统将规则与专家知识相结合，自动实现对目标的识别。专家系统通常由先验知识库、数据库、推理机制、人机交互界面组成，先验知识库的质量优劣很大程度上决定了专家系统的效能。专家系统可以结合专家知识，在人工推理无法继续进行时，将其转换为系统的自动推理，非常适用于根据目标物体的组成及相互关系进行识别的场合，但是当目标物体比较复杂时，可能会影响系统的推理结果。

6.4　物　联　网

6.4.1　物联网概述

物联网(Internet of Things，IoT)是信息科技产业的第三次革命，成为引领信息产业发展的新浪潮，经济和社会的蓬勃发展离不开物联网发挥的积极推动作用。中国提出的"传感网"其实是"物联网"的前身，与其他国家相比，目前我国关于物联网的技术研发水平与应用水平已经处于世界前列。在经济发展方式转型和经济结构调整的关键时期，物联网产业以其巨大的应用潜力和发展空间为各行各业带来了新的契机与挑战。

物联网即"万物相连的互联网"，是一种利用射频识别、红外感应器、全球定位系统、激光扫描器等信息传感设备，按照约定的协议规则，将任何物品接入互联网环境进行信息的交换和通信，以实现对物品的智能化识别、定位、跟踪、监控和管理的网络。从物联网的定义及组成来看，物联网的核心和基础仍然是互联网，是对互联网的延伸和扩展，它可以将各种信息传感设备与互联网相结合，形成一个巨大的网络拓扑，实现任何时间、任何地点、人机物的互联互通，但是物联网的用户端已经触及物物终端的信息交换和通信。

物联网技术体系架构如图 6-18 所示，主要分为了感知控制层、数据传输层、数据处理层以及应用决策层四个部分。

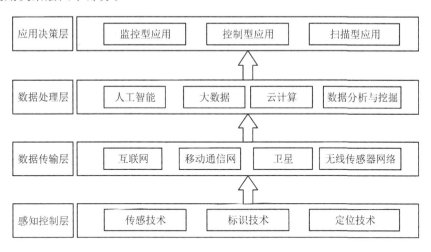

图 6-18　物联网技术体系架构

感知控制层简称感知层，它是物联网发展和应用的基础，实现对客观事物信息的直接获取并进行认知和理解的过程。

数据传输层的主要任务是通过各种接入设备实现不同类型的网络融合，保障对物联网感知数据与控制数据的高效、安全、可靠传输，应用于信息的传送时，其主要功能有提供路由、格式转换、地址转换等。

数据处理层利用云计算平台可以实现对海量感知数据的动态组织与管理，是物联网的核心支撑层，基于云计算、大数据和人工智能等技术完成跨域资源间的交互、共享与调度，提升物联网的信息处理能力，提供感知数据的语义理解、推理、决策，以及提供数据的查询、存储、分析、挖掘等服务。

应用决策层结合了经过分析处理的感知数据后，可以针对不同的应用类别，制定适应的服务内容，被广泛地应用于智能家居、工农业控制、城市管理、医疗健康、环境监测等领域，一般可以分为监控型应用、控制型应用、扫描型应用等。

物联网系统的技术体系除了涉及已经介绍过的传感器及与无线传感器网络相关的技术内容外，射频识别技术和云计算技术是另外两种非常关键的技术手段。

射频识别技术主要是指利用无线射频方式进行的非接触式双向数据通信，能够对记录的媒体（电子标签或射频卡）进行读写，达到目标识别和数据交换的目的。使用无线电信号的形式，其最主要优势是，识别系统和目标间可以不用直接接触。相比于传统的条形码识别技术，射频识别技术可以避免人工操作，实现非接触性和大批量数据采集，扫描速度快、抗干扰性强，支持对多种目标的追踪和查询。射频识别技术的载体一般都具有不怕灰尘油污、防水、防磁、耐高温等属性，能够完成实时追踪、重复读写及高速读取的任务，在极为恶劣的工作环境下也能够保持较高的资料更新速率、使用寿命、工作效率和安全性。基于RFID的高速公路自动收费系统是射频识别技术的典型应用之一，当装有电子标签的汽车驶入自动收费车道后会产生脉冲信号，脉冲信号触发射频系统将进站车辆的数据信息通过网络传送至收费分中心，再由收费分中心将车辆信息是否合法的判定结果经由网络传送至收费管理中心，收费管理中心分析接收到的现场数据，并参考相关的历史行程记录得出最终的判断结果，结果会被逆传输至收费站执行收费过程。在整个收费流程中，车辆无需停止即可快速通过，极大地提高了行车速度和效率，避免了交通拥堵情况的发生。

云计算属于分布式计算方法，是指通过网络"云"将巨大的数据计算处理程序分解成无数个小程序，再通过多部服务器组成的系统对小程序进行处理与分析，最终将得到的结果返回给用户的过程。云计算的核心是可以将很多的计算机资源协调在一起，用户仅通过网络就可以随时随地获取到无限的资源，为用户带来全新的体验。云计算在医院信息化建设中发挥着重要的作用，医院可以借助云计算技术建立相应的管理平台，完成挂号、收费、取药等一系列就医服务，患者和家属可以根据提示信息完成相应的操作，这样不仅减轻了工作人员的负担，降低了时间和人力等运营成本，而且可以实现虚拟化服务，患者可以下载相关软件进行病情咨询，医疗团队也可以在平台上进行远程会诊，为患者提供更加便利的服务。采取远程咨询和诊断的技术手段，解决了很多患者由于路途遥远、身体不便等原因无法得到及时救治的问题，为医患关系的缓和起到了促进作用。

6.4.2　物联网的应用

1）物联网与智慧农业

从传统农业到现代农业转变的过程中，农业信息化的发展大致经历了电脑农业、数字农业、精准农业和智慧农业四个过程。随着物联网、云计算等高新技术的普及，"智慧农业"这一概念应运而生，它把农业看作一个有机联系的系统，综合高效利用各种农业资源以最大限度地减少农业成本、降低对生态环境的破坏。通过感知技术、互联互通技术和深入的智能化技术实现农业系统的高产、高效、低耗运转，从而达到农产品竞争力强、农业可持续发展、有效利用农村能源和环境保护的目标。

目前，智慧农业包括生产、流通、社区、销售、管理以及组织等环节，智慧农业的组织结构如图 6-19 所示。

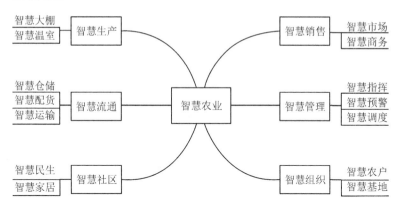

图 6-19　智慧农业组织结构

农业信息感知技术是智慧农业的基础，主要涉及农业传感器技术、RFID 技术、3S (RS、GIS 和 GPS 技术的统称)技术等。农业传感器技术是农业物联网的核心，负责采集包括光照、温度、湿度、气体浓度、土壤 pH 值等参数在内的种植业要素信息，包括二氧化碳、氨气和二氧化硫等有害气体含量，空气中尘埃、飞沫及气溶胶浓度环境指标等参数在内的畜禽养殖业要素信息，包括溶解氧、酸碱度、氨氮、电导率和浊度等参数在内的水产养殖业要素信息。3S 技术包括 RS(遥感)技术、GIS(地理信息系统)技术和 GPS 技术。

RS 技术主要是指以飞机、人造地球卫星等作为运载工具，通过在上面安装探测仪器，来获取和记录地球表面上物体或者景观的电磁辐射信息，并且对信息进行传输和处理的技术。一般利用 RS 技术获取作物生长过程的图形，实时监测和控制作物的生长状态。

GIS 技术是在计算机硬件和软件相互作用及相互支持的影响下，对整个或者部分地球表层空间当中的地理分布数据进行详细的分析和研究，包括数据的采集、分析、整理和利用以及显示等。在实际应用过程中，可以根据需要绘制病虫灾害覆盖图、耕地地力等级图、农作物产量分布图等图像。

GPS 技术能够随时有效地提供全天候和全球性的导航、定位以及定时服务，可以对农田的水分、肥力、病虫害和农作物的具体产量进行有效的跟踪处理，并配合 GIS 技术共同绘制图像，对作物产量进行监测。

2) 物联网与智能建筑

物联网技术在智能建筑中的应用主要体现在监控管理、智能安防、节能减排和智能家居等方面。

物联网感知层上的传感器数目繁多、功能齐全，光纤光栅传感网络和无线传感器网络是用于智能建筑监控管理上的两个关键技术。光纤光栅传感器一般固化在建筑材料中，用于测量各种材料的参数和性能；或者安装在电力系统的终端及接头等要害位置，实现对电力系统的实时监测，可以防止电流过大、电压过高，避免故障；或者对建筑物结构进行健康监测，通过互联网将监测结果发送到系统终端。

智能建筑中无线传感器网络的特点是无须布线，智能化程度较高，无线传感器节点较少，网络规模小。在智能建筑内部安装无线传感器，可以对室内的温度、湿度、空气质量和照明情况进行实时监测，从而控制空调系统工作模式（调节到最低能耗状态），还可以自动配置照明系统，关闭不需要的灯光以节约用电，实现绿色、生态的智能建筑发展目标。

物联网时代的智能家居系统包括智能家居安防系统、家庭自动化系统和智能家居系统。

在智能家居系统中，智能手机在专用网络中既可作为控制台，又可作为接入终端。作为控制台可对家电进行管理，比如控制洗衣机、电饭煲等工作，切断家电电源，启动空调系统等；作为接入终端可接收水电气表数据的远程传送，接收物业信息、安保报警信号等。ZigBee 网络通信方式在智能家居产品中应用最为广泛，其能耗小、成本低，适用于将小空间环境中的各种子系统结合起来统筹管理。图 6-20 是基于 ZigBee 网络技术的智能家居系统示意图。

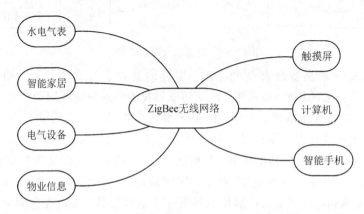

图 6-20　基于 ZigBee 网络技术的智能家居系统示意图

3）物联网与智慧物流

智慧物流的概念最初是由 IBM 于 2009 年提出，以物联网和大数据为依托，通过协同共享创新模式与人工智能先进技术结合，重塑产业分工，再造产业结构，转变产业发展方式。随着物流业与互联网的深化融合，与传统物流相比，智慧物流出现了一些新功能，如图6-21 所示。

物流行业会产生大量在线业务数据，应用物流大数据驱动的商业模式可推动产业智能化变革，通过挖掘物流业务大数据中对企业运营管理有价值的信息，进行科学决策，进而提高生产效率。例如，菜鸟网络推出智能路由分单，实现包裹与网点的精准匹配，准确率高达 98% 以上，分拣效率提高 50% 以上，大大缓解了爆仓压力。常见的应用场景包含以下几种。

① 销售预测。分析用户消费特征、商家历史销售记录等数据，精准预测日常销售、促销、清仓等多种经营模式下的销量，为仓库的合理备货以及商家运营策略的制定提供依据。

② 网络规划。基于历史大数据、销量预测数据，在考虑构建成本、配送时效、网点覆盖范围、网点建设与维护费用等多维度的前提下建立统筹模型，对仓储、运输、配送网络进行优化布局。

③ 仓库部署。在多级物流网络中科学部署仓库位置和库存商品数量，通过智能预测算法进行货品调度或补货，实现各地区库存协同，加快库存周转，提高现货率，提升整个供应链效率。

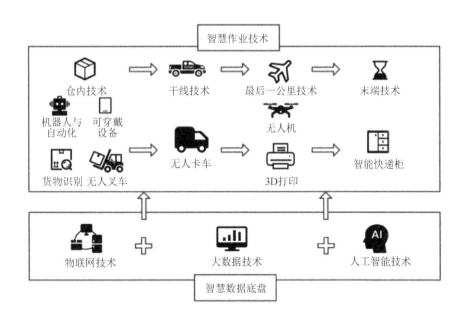

图 6-21　物联网与智慧物流

④ 智能仓储。智能仓储机器人能够完成货物上架、拣选、打包、贴标签等操作，大幅提高仓储管理效率与水平。通过仓储信息集成、挖掘、跟踪与共享，有效实现取货自动化、进出货无缝化和订单处理准确化。

⑤ 便捷配送。高校、社区、便利店等的周围开设的菜鸟驿站，可以有效解决末端配送效率与成本问题，消除"最后一公里"的痛点，提升资源利用效率与用户体验。

4）物联网与智慧医疗

2020 年新型冠状病毒疫情爆发，为了在迅速诊断病情的同时减少医护人员的交叉感染，西门子公司交付的先进物联网解决方案——"黎明岛"CT 方舱方案，使 CT 设备的应用不再受地域和地方医疗资源的限制。通过连接 5G 或者宽带网络，RSA 功能可以实现专家端和扫描端的实时通信和互动操作指导，在疫情攻坚的特殊时刻有效缓解一线医疗资源的过度透支，同时还可以避免医护人员交叉感染，帮助医院提升应对疫情的能力，为患者及疑似患者的确诊争取宝贵时间，从而为赢得抗击疫情的全面胜利提供有力支持。

思考题与习题 6

6-1　简述传感器网络的发展历程、特点及发展趋势。

6-2　结合无线传感器网络的体系结构框图，分析网络不同层级的功能。

6-3　比较无线传感器网络与传统传感器网络的异同，简述无线传感器网络的特点。

6-4　说明无线传感器网络存在的安全问题及对策。

6-5　试举一例说明无线传感器网络的应用。

6-6　简述多传感器信息融合的层次模型分类及不同层次模型的特点。

6-7　简述多传感器信息融合的结构模型分类及不同结构形式的特点。

6-8　多传感器信息融合的常用算法有哪些？各自有哪些特点？

6-9　简述物联网的体系结构及各部分作用。

6-10　举例说明物联网技术在生活中的应用。

第 7 章　传感系统关键技术

7.1　智能传感系统

在第 1 章中，已经对智能传感器及智能传感器系统进行了概括性的说明，本章在对智能传感器进行简单的回顾后，重点剖析智能传感器及系统涉及的一些核心技术内容，包括信号处理技术、接口技术、计算机控制系统及计算智能技术。

智能传感器是传感器集成化与微处理机结合的产物，具有采集、处理、交换信息的能力。与传统传感器相比，智能传感器的主要优势在于通过软件技术实现的高精度信息采集、一定的编程自动化能力、功能多样化等。智能传感器能够将检测到的各种物理量信息储存起来，并按照设定的指令去处理这些数据，从而创造出新的数据。传感器之间也能进行信息的交流，可以自我决断允许传送的数据内容，完成分析和统计计算等工作。

7.1.1　智能传感器基本结构

智能传感器主要由传感器、微处理器及连接电路组成，其基本结构如图 7 - 1 所示。传感器将被测的物理量、化学量信息转换成相应的电信号送入信号调理电路，经过滤波、放大、A/D 转换等信号处理单元后再传输至微处理器中；微处理器对接收的信号执行计算、存储、数据分析和处理操作，一方面会根据结果信息利用反馈回路对传感器与信号调理电路进行调节，用以实现对测量过程的调节和控制；另一方面也会将结果传送到输出接口，经由接口电路处理后按照输出格式要求输出数字化的测量结果。不难发现，微处理器是智能传感器的核心，主要工作就是实现信息处理、逻辑思维、推理判断等智能化服务，微控制器、数字信号处理器、专用集成电路、编程逻辑门阵列、微型计算机等都可以作为微处理器来完成计算分析任务。

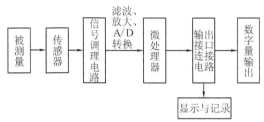

图 7 - 1　智能传感器的基本结构

7.1.2　智能传感器功能

本节将以智能电子秤中的压力传感器为例，初步认识智能传感器的主要功能，其原理框图如图 7 - 2 所示。从图 7 - 2 中可以看到，传感器单元包含了测压件和测温件两个功能元件，压力传感器(测压件)能够将被测目标的重量转换为相应的电信号，而温度传感器(测温件)可以接收外部环境温度，衡量测量目标的重量受温度影响的程度，减少测量值与真实值之间的误差；转换后的电信号再经过 A/D 转换单元处理后变换为可供单片机直接接收和处理的数字信号；单片机根据收集到的温度数据执行温度补偿、零点校正和数据矫正处理，对压力数据执行计算处理、非线性误差消除等操作，处理后的结果就可以存入存储设备，继而显示于显示设备中或者通过 RS-232 等接口与上位机进行数字化双向通信。

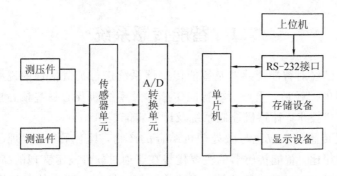

图 7-2　智能电子秤中的压力传感器原理框图

由此可见，在引入微处理器后，智能传感器在传统传感器的基础上实现了包括自补偿与计算、自检测与自诊断、数据处理与存储、数据传输与双向通信、复合等功能在内的其他实用性功能。

(1) 自补偿与计算。

智能传感器可以利用微处理器，对测量的信号进行计算，采用多次拟合、差值计算或神经网络等方法对非线性、漂移和响应时间等情况进行补偿，从而获得更为精确的测量结果。

(2) 自检测与自诊断。

传统的传感器都要进行定期的检验和标定，以保证其可以正常使用，以及获得较好的检测准确性，但是检测过程往往是破坏性的、低效的，需要拆除现场的传感器设备或者送到专门的检验部门处理。智能传感器在上电及工作过程中利用检测电路或算法就可以完成对系统硬件和软件资源的自检，实现故障检测、故障定位、故障类别判别等操作，自检结束后，传感器中的自动校准软件又可以自动对传感器进行在线校准或结合环境信息自动调整零位和增益参数等，避免了拆卸带来的不可预知的干扰，整个过程自动且安全，保证了应用系统的正常运转。

(3) 数据处理与存储。

智能传感器的微处理器可以对采集的数据进行异常数据剔除或者数字滤波等数据预处理操作，减小噪声或其他因素对后续操作的干扰，提高信号的精准度，而且可以对数据执行统计分析、数据融合、逻辑分析以及推理判断等更高级的分析过程。传感器的数据储存能力使其可以随时记录工作中的各项参数、工况、故障、维护等情况，为传感器的使用和技术创新提供强有力的数据支撑。

(4) 数据传输与双向通信。

与传统传感器最大的区别在于，智能传感器可以利用通信网络使信息以数字的形式进行双向通信。微处理器不仅能够接收和处理传感器的测量数据，而且能够将控制信息发送至传感器终端，在测量过程中就能对传感器进行调节和控制。智能传感器的标准化数字输出接口可与计算机或接口总线直接连接，实现与计算机或网络适配器的远程通信与管理功能。关于接口的相关技术将在下一小节作重点介绍。

（5）复合。

信号在测量的过程中总是会受到很多外界因素的干扰，常见的干扰信号包括声、光、热、电、化学信号等，智能传感器的复合功能可以实现对多种物理量和化学量的同时测量，综合给出全面的信号信息，最大程度地降低干扰信号的影响。

智能传感器以微处理器为内核，扩展多种外围部件形成了一套完整的计算机检测系统，与传统传感器相比，具有以下较为显著的特点。

（1）高精度。

智能传感器因为具有自诊断、自检测、自校正等功能，不仅能够修正包括传感器输入输出的非线性误差、零点误差等各种较为明确的系统误差，还可以降低噪声，适当补偿随机误差，使传感器的精度可以达到很高的量级。

（2）高可靠性和高稳定性。

集成式智能传感器消除了传统电路结构的某些不可靠因素，改善了系统的抗干扰性能。同时，智能传感器能在上电状态下不定时对系统软硬件资源进行诊断、校准和存储，及时发现、预警和处理异常或故障情况，保证了传感器的可靠性和稳定性。

（3）多功能和高性价比。

与传统传感器相比，在满足相同测量精度的条件下，智能传感器更容易实现，所采用的微处理器、集成电路工艺和编程技术也具有非常高的性价比，能够完成多种测量任务，提高测量性能，简化操作方式，在很多的场景中得到了充分的使用。

7.2　传感器系统接口技术

传感器系统接口可以在不确定的条件下将各类传感器接收到的原始数据转化为可供测量系统、控制系统、分析系统、监视系统等使用的数据形式，传感器系统接口技术决定了该传感器所在系统的性能和能力。

7.2.1　传感器系统信号处理技术

传感器获取的信号中常常夹杂着各种噪声及干扰信号，为了准确地获取被检测对象的信息，首先必须对传感器检测到的信号进行处理，方便传感器系统的业务应用。传感器系统信号处理的方法一般包括补偿、滤波和噪声抑制等，目的是提高传感器的信噪比，改善其分辨率。

1）补偿

（1）零点漂移补偿。

任何元件参数的变化都有可能造成输出电压的漂移现象，温度的变化是导致零点漂移产生最主要且最难克服的因素。在实验和环境应用中，温度指标难以维持在恒定的状态，而且半导体元器件的导电性对温度变化非常敏感：当环境温度发生变化时，晶体管参数会随之发生变化，以至于放大电路的静态工作点同时发生变化，加之级间耦合通常会采用直接耦合的方式，这种变化将会被逐级放大并向后传递，最终导致输出端的电压产生严重的漂移情况。综上可知，电路放大的级数越多，产生的零点漂移现象就越严重。有实验结果表明，在各级产生的零点漂移现象中，第一级对实验结果的影响最大，所以改善放大电路第一级的性能是减弱零点漂移现象最关键的方法。根据实际情况的不同，可以选择如下几种解决方式。

① 选用高质量的硅管。晶体管的制造工艺也会影响到零点漂移的程度，所以在实验使用中，需要选择工艺严苛、半导体表面洁净的晶体管，这样可以适当地降低漂移程度。目前，高质量的直流放大电路几乎都采用高质量硅管进行制作。

② 温度补偿法。温度补偿法较为简单，较多地应用于线性集成电路，主要思路是利用温度对非线性元件的影响来抵消温度对放大电路中晶体管参数的影响，从而降低电路的零点漂移程度。除此之外，为了提高温度补偿法的补偿效果，在硬件组成方面，还需要选用型号和特性都相同的两个晶体管来组成差动放大电路。

③ 调制法。调制法主要包括调制和解调两个过程，前者是将直流信号通过某种方式转换成频率较高的交流信号的过程；后者是将交流信号经过阻容耦合放大电路放大处理后，再转换成直流信号的过程。在实际环境中，调制法的使用不仅可以起到放大输入信号的作用，还可以起到抑制零点漂移的作用。

（2）非线性误差修正。

传感器的特性一般可以利用一个非线性的多变量函数式来表达，如公式（7-1）所示，Z 为传感器的输出，x 为被测物理量，y_1，y_2，…是温度、湿度等各种环境参数信息。

$$Z = f(x; y_1, y_2, \cdots) \tag{7-1}$$

为了简化传感器计算和输出读数过程以及从应用系统中更换传感器的过程，传感器特性必须满足线性化和标准化的要求。在非特殊应用场合，可以采用传感器的包封技术来消除湿度、振动和冲击等因素对传感器的影响，但是，这种处理方式对减小温度影响的效果并不显著。还可以把传感器的输出视为一个二元函数 $Z = f(x, y)$ 来处理，这样就可以引出传感器的非线性误差修正方法。

温度的引入大概率会引起传感器灵敏度的变化，硬件法和软件法通常可以用来降低温度对灵敏度的影响程度，同时可以对传感器的输入输出非线性部分进行修正。硬件法是指基于调整电路或机械等硬件进行修正的方法，具有很强的实时性，但是过程非常复杂、不易实行；软件法是指利用计算机的运算功能进行修正的方法，使用时不必对应用计算机的传感器系统提出附加的硬件条件，但是与硬件法相比，其普适性较好但实时性较差。

利用计算机软件法修正非线性误差的原理如图 7-3 所示，传感器感知物理量信息 x 后输出 y 信号，再经过接口电路的处理后可转变为供计算机接收和使用的 Y 信号（接口电路的类型取决于 Y 的性质），最后经过计算机的修正输出系统最终的响应信号 Y_c。

值得注意的是，在传感器投入使用之前，还需要对传感器进行标定处理、设置校准温度、测出 x-y 的特征属性，以及采用二元函数插值等方法修正传感器的非线性部分。计算机中预先存储有 X 与 Y、θ 的关系数据（这里 X 为 x 的数字化量），这些数据可以以表格的形式存放于数据区，或以常数的形式编入程序，当计算机接收到未修正的传感器输出 Y 信号和环境温度的数字量 θ 信号后就可以计算出对应的被测量 X，再与规定的比例系数 k 相

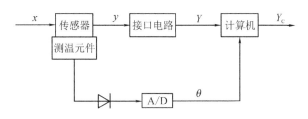

图 7-3　修正非线性误差的原理框图

乘，就可得到标准输出。

2）滤波

在传感器的输出信号中通常含有很多的动态噪声，如果信号的频谱和噪声的频谱不重合，就可以使用滤波器来消除这部分噪声。滤波方法的分类形式多种多样，按照选择物理量的不同，可以分为频率选择、幅度选择、时间选择和信息选择四种；按通频带范围，可以分为低通、高通、带通、带阻、全通五种；而按滤波方法又可以分为模拟滤波器和数字滤波器两种，两者相比，前者的实时性较强，而后者的稳定性和重复性较好，并且后者能够在模拟滤波器不能实现的频带下进行滤波处理。图 7-4 以树形结构形式展示了基于滤波方法的滤波器的详细分类。

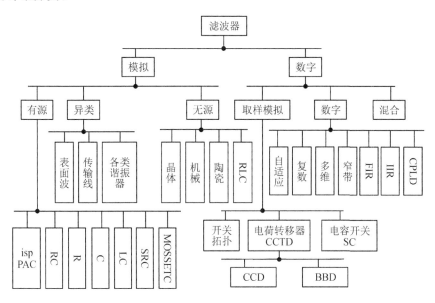

图 7-4　基于滤波方法的滤波器分类

3）噪声抑制

针对由于信号和噪声的频带重叠或者噪声的幅值比信号大而产生的信噪比过大的问题，仅依靠滤波器是无法彻底解决的。还需要通过研究信号和噪声各自的动态特性，高效地剔除信号中的噪声干扰。下面将介绍 3 种较为实用的噪声抑制方法。

（1）差动法。

差动法是以差动的形式将动态特性和静态特性相同的两个敏感元件连接起来，计算并输出信号的方法。这种方法得到的输出信号虽然除去了含有相同相位输入的噪声信息，但是仍然无法解决敏感元件内部产生的噪声干扰。

（2）平均响应法。

平均响应法是利用信号的自相关性质来检出周期已知的信号内容，将噪声与信号混叠的波形根据信号的周期进行分段，同步输出、取样并利用同相位相加 N 次求平均。

（3）调制和同步检波法。

当信号和噪声的频带重叠时，可以对信号的频率进行调制，将其移动到别的频带上，再利用同步检波法将信号分离出来，这种操作具有极大的灵活性。图 7-5 是一种比较典型的同步检波器信号处理系统示意图。同步检波器是一种乘法器，信号调制过程示意图如图 7-5(a)所示。假设调制后的信号表示为 $S(t)\cos\omega t$，将与该信号同频率的信号 $R\cos(\omega t+\varphi)$ 作为基准信号共同作用于同步检波器上，那么同步检波器的输出可以由公式(7-2)来表示。

$$e_0=R\cos(\omega t+\varphi)\cdot S(t)\cos\omega t=\frac{1}{2}RS(t)\big[\cos\varphi-\cos(2\omega t+\varphi)\big] \tag{7-2}$$

如果采用低通滤波器来消除上式中 2ω 的交流成分，只保留第一项成分，那么就可以通过调整 φ 来控制输出的信号，使其达到最大值。对于其他可能存在的频率噪声或不规则噪声，还可以利用三角函数的正交属性，结合低通滤波器使其消除。

图 7-5(b)解释了利用遮光板或扇形小孔把微弱光量变换为断续光信号并进行同步检波的原理，其中锁定放大器是基于同步检波法的一种放大器。图 7-5(b)中的锁定放大器可以视为一个在 ω 近旁的窄频带滤波器，假设其等价频宽为 B，低通滤波器的时间常数为 T，那么二者可以满足式(7-3)的关系。

$$B=\frac{1}{2T} \tag{7-3}$$

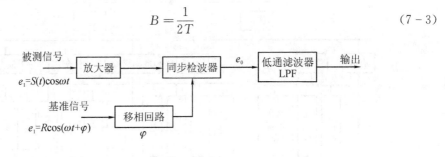

(a) 信号调制示意图

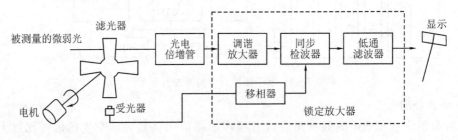

(b) 用锁定放大器对微弱光进行测量

图 7-5　同步检波器信号处理系统

7.2.2　传感器系统微机接口技术

根据传感器的种类和功能的不同，其输出量一般有模拟量、数字量和开关量三种不同的形式，相应地，存在着三种基本的接口方式，微机处理单元对信号的接口有一定的要求，接入的方法也会略有差异，传感器与微机的接口方式与接入方式说明如表 7-1 所示。

表 7-1　传感器与微机的接口方式与接入方式

接口方式	接 入 方 式
模拟量接口方式	传感器输出模拟信号→信号放大→信号采样/保持→模拟多路开关→A/D 转换模块→I/O 接口模块→微机处理单元
开关量接口方式	传感器输出二值开关型信号(逻辑 1 或 0)→三态缓冲器→微机处理单元
数字量接口方式	传感器输出数字量(二进制代码、BCD 码、脉冲序列等)→计数器→三态缓冲器→微机处理单元

通过比较表 7-1 中的接口方式与接入方法不难发现，在实现数据信息—微机处理单元的传输过程中，还存在一些非常重要的技术单元，下面具体说明。

1) 数据采集

经过预处理的传感器输出信号变为模拟电压信号后，需要继续转换为数字量后才可以实现数字的显示或利用计算机完成后续的处理过程。典型的数据采集系统从功能模块进行划分，可以将组成部件分为传感器、放大器(IA)、模拟多路开关(MUX)、采样保持器(SHA)、A/D 转换器、计算机或数字逻辑电路。根据数据采集系统在电路中部署位置的不同，参考如图 7-6 的内容，系统的数据采集方式可以分为同时采集、高速采集、分时采集

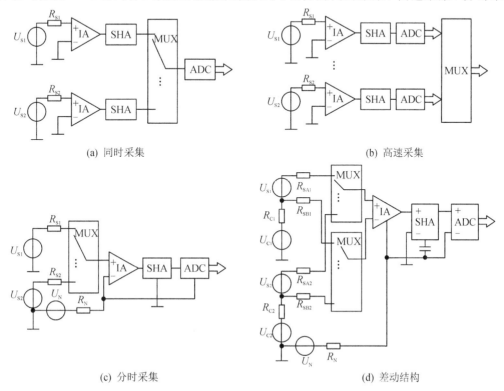

(a) 同时采集　　　　　　　　　　(b) 高速采集

(c) 分时采集　　　　　　　　　　(d) 差动结构

图 7-6　四种数据采集方式

和差动结构四种。

2）采样

以相等的时间间隔 T_s 对某个连续时间信号 $a(t)$ 进行取样，得到对应的离散时间信号的过程称为采样，如图 7 - 7 所示。根据香农采样定律，当对一个具有有限频谱（$\omega_{min} < \omega < \omega_{max}$）的连续信号进行采样时，如果采样频率满足 $\omega_s = 2\pi/T_s \geqslant 2\omega_{max}$ 的条件，可以认为获取的离散采样点能够完全表示出原始的信号。

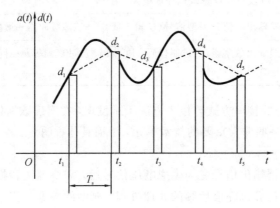

图 7 - 7　连续时间信号的采样

3）A/D 转换器

衡量 A/D 转换器性能的技术指标很多，比较重要的技术指标包括分辨率、精度、量程、线性度误差、转换时间等，只有充分地理解这些指标所代表的物理含义及其对传感系统的影响，才能够设计出符合要求且高效的系统。

分辨率表示转换器对输入量微小变化的敏感程度，表示输出数字量或最小单位所代表的输入模拟电压值，分辨率也可以用 A/D 转换的位数来表示，位数越多，分辨率就越高。精度可以分为绝对精度和相对精度，前者表示输入模拟信号的实际电压值与被转换成数字信号的理论电压值之间的差值，包括量化误差、线性误差和零位误差等，后者表示绝对误差与满刻度值的百分比。量程（满刻度范围）是指输入模拟电压的变化范围。线性度误差是指由于转换器实际的模拟数字转换关系与理想直线不同而出现的误差。转换时间是指完成一次完整的转换（从发出启动转换脉冲开始到输出稳定的二进制代码为止）所需要的最长时间。

根据 A/D 转换器的基本原理，转换器类型可以分为比较型和积分型两种，比较有代表性的转换器有逐次逼近型、双积分型和 V/F 变换型（电荷平衡式），它们的主要区别在于：逐次逼近型 A/D 转换器的转换速度较高，具有 8～14 位中等精度，输出为数据的瞬时值，抗干扰能力较差；双积分型的测量目标是信号平均值，对常态噪声有很强的抑制能力，而且转换精度高，分辨率可以达到 12～20 位，价格便宜，但是转换速度成为这种传感器的最大劣势；V/F 变换型是由积分器、比较器和整形电路构成的 VFC（电压频率变换器电路），可以把模拟电压变换为相应频率的脉冲信号，信号频率与输入电压值成正比，信号由频率计来测量非常方便，VFC 的响应速度快、抗干扰能力强，可以实现连续转换，在输入信号动态范围较宽和需要远距离传输的场合可以发挥巨大的作用，但是转换速度相对较慢。

7.2.3　传感器系统抗干扰技术

1. 干扰源及主要形式

从使用和分析需求上讲，没有价值的信号可以被视为一种干扰，环境中充斥着各种各样的干扰信号，下面将列举一些较为常见且对系统性能影响相对较大的干扰源。

1）外部干扰

从外部侵入检测装置的干扰称为外部干扰，一般分为自然干扰和人为干扰（或工业干扰）两种。自然干扰主要来源于自然界，例如雷电、宇宙辐射等，对广播、通信、导航等电子设备的影响通常较大；人为干扰是指由各种电气、电子设备所产生的电磁干扰及机械干扰、热干扰、化学干扰等。

（1）电磁干扰。

电磁干扰类型相对复杂一些，通常包括放电噪声干扰和电气设备干扰两种。放电噪声是指由各种放电现象产生的噪声，对电子设备的影响最大。放电现象包括持续放电和过度放电两种，前者又包括电晕放电、辉光放电和弧光放电，后者主要是指火花放电。电晕放电主要来自高压输电线，在放电过程中产生的脉冲电流和高频振荡是潜在的干扰源。引起辉光放电和弧光放电的放电管（如荧光灯、电弧灯等）具有负阻抗特性，在与外接电路连接时，非常容易引起电路的振荡，振荡甚至可达高频波段。雷电、电机整流子的电火花，接触器、断路器、继电器等接点开合状态切换时产生的电火花，电蚀加工及电弧焊接过程中产生的电火花以及汽车发动机的点火装置产生的电火花等，都是产生火花放电噪声的来源。电气设备干扰通常包括工频干扰、射频干扰和电子开关通断干扰三种，工频干扰发生在电子设备内部，是因工频感应而产生的干扰；射频干扰是指电子设备通过辐射或电源线带给附近测量装置的干扰；电子开关、电子管、晶闸管等大功率电子开关虽然不会产生火花放电现象，但是因为这些元件的通断速度极快，电路电流和电压会发生急剧的变化，也会促使冲击脉冲形成而产生电子开关的通断干扰。

（2）机械干扰。

机械干扰是由于机械振动或冲击使电子检测装置的电气参数发生改变，从而影响检测系统性能的一类干扰，一般可以采取各种减振措施来降低机械干扰的影响程度，比如应用专用减振弹簧、橡胶垫脚或吸振海绵垫来隔离振动与冲击对传感器的影响。

（3）热干扰。

热干扰是指由温度的波动以及不均匀温度场引起检测电路元器件参数发生改变，或产生附加热电动势等情况的干扰，这种干扰会对传感器系统的正常工作带来负面的影响。通常的解决办法包括选用低温漂、低功耗、低发热组件，或者采取温度补偿等热干扰防护措施。

（4）化学干扰。

化学干扰是由于潮湿的环境或化学腐蚀导致的各种零部件绝缘强度的降低，严重时候可能造成漏电、短路等问题的干扰。

2）内部干扰

（1）固有噪声源。

固有噪声源包括热噪声、散粒噪声和低频噪声。由电阻内部载流子的随机热运动产生的几乎覆盖整个频谱的噪声电压形成热噪声，其有效值电压值可以表示为公式(7-4)的形式。其中，K 为玻耳兹曼常数，T 为热力学温度，R 为电阻值，Δf 为与系统带宽相关的噪声带宽，从公式关系不难发现，减小输入电阻和通频带宽将会对噪声的降低带来有利的作用。

$$U_t = \sqrt{4KTR\Delta f} \qquad (7-4)$$

散粒噪声也是一种比较典型的白噪声固有噪声源，是由电子器件内部载流子的随机热运动产生的，其均方根电流可以表示为公式(7-5)的形式，其中，I_{dc} 表示通过电子器件的直流电流，Q 为电子电荷量，散粒噪声与电荷量和带宽噪声成正比，其功率幅值服从正态分布。

$$I_{sh} = \sqrt{2QI_{dc}\Delta f} \qquad (7-5)$$

低频噪声是另一种固有噪声源，噪声电压取决于元器件材料表面的特性，可以表示为公式(7-6)的形式，频率越低，噪声的电压就越大。

$$U_f \approx K\sqrt{\frac{\Delta f}{f}} \qquad (7-6)$$

(2) 信噪比(S/N)。

噪声不能被完全清除，也不能用一个明确的时间函数来描述，所以在实际应用中，只要不影响检测的最终结果，是允许噪声与信号共存的。信噪比可以表示噪声对有用信号的影响程度。噪声系数用来表示器件或电路对噪声的品质因数，数值上等于输入信噪比与输出信噪比的比值。

信噪比 S/N 的计算公式如(7-7)所示，其中，P_S 表示有用信号功率，P_N 为噪声功率，U_S 为信号电压的有效值，U_N 为噪声电压有效值。

$$S/N = 10\lg\frac{P_S}{P_N} = 20\lg\frac{U_S}{U_N} \qquad (7-7)$$

信噪比越小，信号与噪声就越难以区分，当 S/N=1 时，二者将完全不可分割。与之相反，信噪比越大，表示噪声对测量结果的影响越小，所以在实际的测量过程中应该尽量提高信噪比指标。

2. 干扰抑制技术

有了对干扰源及其形式的理解，可以从消除或抑制干扰源、破坏干扰途径以及削弱接收电路对干扰的敏感性这三个方向抑制干扰的影响，最典型的抗干扰技术有屏蔽、接地、浮置、隔离、滤波等。

1) 屏蔽技术

屏蔽技术包括静电屏蔽和电磁屏蔽两种。前者也称为电场屏蔽，可以抑制电场耦合的干扰，为了达到较好的静电屏蔽效果，通常可以选用铜、铝等低电阻金属材料作为屏蔽盒，结合良好的接地措施，尽可能缩短被屏蔽电路伸出屏蔽盒之外的导线长度。后者一般采用良导体材料(如铜、铝或镀银铜板等)，利用高频电磁场在屏蔽导体内产生的涡流效应，达到磁屏蔽的效果。

2) 接地技术

接地技术是一种将电网零线和设备外壳接入大地来保障安全的技术，起源于强电技术。对于以电能作为信号，进行电信号的通信、测量、计算控制等的电子技术来说，可以把电信号的基准电位点称为"地"，接地线可能与大地是隔绝的关系，所以也可以称为信号地线。在采用接地技术时，需要遵循"一点接地"的原则，包括机内一点接地和系统一点接地两种。比如说，单级电路有输入输出电阻、电容、电感等不同性质的信号地线；多级电路有前级和后级信号地线；A/D、D/A 转换的数模混合电路有模拟信号地线和数字信号地线；整机中产生噪声的继电器、电动机等高功率电路，引导或隔离干扰源的屏蔽机构，以及机壳、机箱、机架等金属件的地线均应分别实现一点接地后再进行总体的一点接地处理。对于一个包括传感器(信号源)和测量装置的检测系统，一点接地的方式也很重要，如图 7-8 所示，图 7-8(a)中采用的是两点接地方式，通过分析可以发现，因为地电位差产生的共模电压的电流 I 要流经信号零线，从而转换为差模干扰，这样就会对检测系统造成严重的影响；而图 7-8(b)中采用信号源处一点接地的形式，容性漏电流干扰信号会流经屏蔽层，就可将干扰影响降到最低。

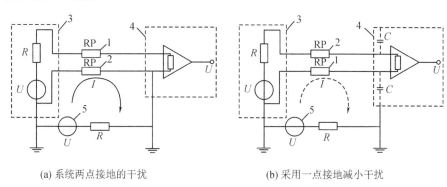

(a) 系统两点接地的干扰　　　　　　　　　(b) 采用一点接地减小干扰

图 7-8　系统的两点接地和一点接地对比电路图

3）浮置技术

如果测量装置电路的公共线不与机壳或大地连接，即与大地之间没有任何导电性的直接联系(仅存在寄生电容)，这种情况就会出现浮置现象。检测系统使用的屏蔽浮置设施为前置放大器，它有内、外两层屏蔽，内层屏蔽(保护屏蔽)与外层屏蔽(机壳)绝缘，只通过变压器与外界联系。电源变压器屏蔽效果的好坏对检测系统的抗干扰能力有很大的影响，所以在检测装置中，通常会采用带有三层静电屏蔽的电源变压器进行供电，各层接法如下：一层侧屏蔽层及电源变压器外壳与测量装置的外壳连接并接入大地，中间屏蔽层与"保护屏蔽"层连接，三层侧屏蔽层与测量装置的零电位连接。

4）隔离技术

隔离是破坏干扰途径、切断耦合通道，从而达到抑制干扰的一种技术措施，采用的方式有变压器隔离、光电耦合器隔离等。变压器隔离主要在传输交变信号的传输通道中使用，光电耦合器隔离则被广泛地应用于数字接口电路。目前，在自动检测系统中倾向于采用光电耦合器来提高系统的抗共模干扰能力。光电耦合器是一种光电耦合器件，虽然它的输入量和输出量都是电流，但是输入输出之间从电气上看是绝缘的，这就保证了输入回路和输出回路的电气隔离。光电耦合器的主要特点是，输入输出回路绝缘电阻阻值和耐压强度较高，而且因为光的传输是单向的，所以输出信号不会因被反馈而影响输入端数据，此外，隔离器的输入输出回路在电气上是完全隔离的，这能很好地解决不同电位、不同逻辑电路之间的隔离和传输矛盾。

　　5) 滤波技术

　　滤波技术是采用相应形式的滤波器将各种干扰信号滤除，使信号传输过程中的干扰信号不进入检测系统的技术，它是抑制差模干扰的最有效措施之一。滤波技术对经导线耦合到电路的干扰的抑制作用最为理想，可以将相应频带的滤波器接入信号传输通道，滤除或尽可能衰减各种干扰信号，达到提高信噪比，抑制干扰的目的。

　　在自动检测系统中经常采用的滤波器有：RC 滤波器(也称电阻-电容电路)、交流电源滤波器和直流电源滤波器。当信号源为热电偶、应变片等信号变化相对缓慢的传感器时，RC 滤波器可以充分发挥其小体积、低成本的优势，对串模干扰实现较好的抑制效果。如果电源网络吸收了各种高低频噪声信号时，则会选择采用交流电源滤波器进行抑制。直流电源往往会同时被多个电路共用，为了避免由电源内阻造成的几个电路之间的相互干扰，应该在每个电路的直流电源上添加直流电源滤波装置。

7.3　计算机控制系统

　　计算机控制系统(Computer Control System，简称 CCS)是指应用计算机参与控制，并借助一些辅助部件与被控对象相联系，以获得一定控制目的而构成的系统。这里的计算机通常指各种规模的数字计算机，如从微型到大型的通用计算机或专用计算机。辅助部件主要指输入输出接口、检测装置和执行装置等。辅助部件与被控对象和部件间的联系，可以选择有线方式，如通过电缆的模拟信号或数字信号进行联系；也可以选择无线方式，如使用红外线、微波、无线电波、光波等进行联系。

　　数字计算机的出现和发展引起了一场深刻的科学技术革命，在科学计算、数据处理、自动控制等方面均获得了广泛的应用。数字计算机直接承担自动控制过程中的控制器任务，从而形成计算机控制系统，在工业、交通、农业、军事、经济管理等领域均可以采用数字计算机实现对系统的控制任务。相较于传统模拟式控制系统，计算机控制系统具有许多优势，在参与控制的过程中对控制系统的性能、结构以及控制理论等多个方面产生了极为深刻的影响。

7.3.1　计算机控制系统组成

　　计算机控制系统由控制部分和被控对象组成，其控制部分包括硬件部分和软件部分，由模拟控制器构成的系统通常只包括硬件部分。计算机控制系统软件包括系统软件和应用软件，系统软件是指操作系统、语言处理程序和服务性程序等，它们通常是由计算机制造厂商为用户配置的，具有一定的通用性；应用软件是为了实现特定控制目的而编制的专用程序，如数据采集程序、控制决策程序、输出处理程序和报警处理程序等，它们涉及被控对象的自身特征和控制策略，是由实施控制系统的专业人员自行编制的。

　　简单来说，计算机控制系统就是利用计算机来实现对工业过程的自动控制。由于计算机只能接收或反馈数字信号量，而从现场采集到的信号或送入执行机构的信号大多是模拟信号形式，所以计算机控制系统会加入包括模数(A/D)、数模(D/A)转换器和其他必要的外部设备。计算机控制系统的典型结构如图 7-9 所示，分模块来看计算机控制系统的典型结构可以概括为以下几个部分。

① 被控对象：即系统需要进行控制的机器、设备或生产过程。被控对象中要求实现自动控制的物理量称为被控量；

② 控制器：也称校正装置，用于改善闭环系统的动态品质和稳定精度；

③ 检测装置：监测系统的输出量；

④ 比较装置：将系统的输入量与输出量进行比较，得到偏差信号；

⑤ 放大器：放大微弱的偏差信号；

⑥ 执行机构：根据放大后的偏差信号，对被控对象进行控制，使输出量与给定量一致；

⑦ A/D 转换器：将连续模拟信号转换为断续数字信号，送入计算机；

⑧ D/A 转换器：将计算机产生的数字指令信号转换为连续模拟信号并传送给执行机构。

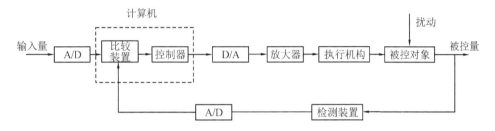

图 7 - 9　计算机控制系统的典型结构框图

从本质上来讲，计算机控制系统的控制过程可以分为实时数据采集、实时决策和实时控制三个步骤。实时数据采集是对被控量及指令信号的瞬时值进行检测，并将数据传输给计算机的过程；实时决策过程会根据给定的算法，对采集到的被控参数状态量进行分析，按照已经确定的控制规律决定控制过程，生成控制指令；而实时控制过程可以根据决策结果，适时地向被控对象发出控制信号。

7.3.2　计算机控制系统分类

计算机控制系统的发展不仅提高了国家和企业的经济效益，而且促进了企业和技术的发展升级。目前，国内外工业生产过程中，计算机控制系统的模型主要包括直接控制系统（DDC）、监督控制系统（SCC）、集散控制系统（DCS）、递阶控制系统（HCS）和现场总线控制系统（FCS）五个类别。

1) 直接控制系统

为了强调计算机对生产过程进行直接控制这一特性，一般参考如图 7 - 10 所示的形式组建直接控制系统的基本架构。这种系统在工作过程中，首先会对反映过程状态的参数进

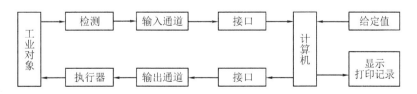

图 7 - 10　直接控制系统流程框图

行采样，经过模数转换装置得到相应的数字量；计算机按照一定的控制算法对数字信息进行计算后，将控制指令经数模转换装置转换为相应的控制模拟量，通过执行机构直接控制生产的过程，或根据现实需要在屏幕上显示或打印必要的信息。

以单片机为主体的温度、流量 DDC 控制仪是非常典型的直接控制系统的实践应用，这种微机控制仪表功能强大，可以处理工艺参数，但是它们无法进行独立的操作，需要与中间继电器、交流接触器、晶闸管、电磁阀、比例阀等执行机构结合，形成完善的控制系统。直接控制系统的主要特点是结构紧凑、轻便灵活、操作便捷、便于维护，有较高的抗干扰能力和控制精度，但是受到运行速度和内存容量的限制，系统一般只能按照预定的工艺参数进行工艺过程控制，想要将其扩展为实现动态控制热处理工艺过程和产品质量预测的应用系统十分困难。

2）监督控制系统

监督控制系统流程框图如图 7 - 11 所示，从流程来看，监督控制系统也属于闭环控制系统，在这类系统中，生产过程中的闭环自动调节是依靠模拟调节器或直接控制系统计算机来完成的。在监督控制系统中，计算机对生产过程的工艺参数进行巡检，并根据生产过程的数学模型计算出最佳给定值，直接对模拟调节器或直接控制系统（DDC）计算机进行设定，使生产过程在最优工况下运行。此外，这种控制系统还可以通过在线模型辨识，随时对现有模型进行修改，实现系统的最优控制和自适应控制。模拟调节器或直接控制系统的计算机可以直接面向生产过程，而监督控制计算机面向模拟调节器或直接控制系统的计算机，所以包含有监督控制系统的计算机控制系统至少是一个两级控制系统。

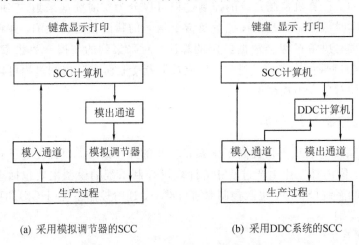

(a) 采用模拟调节器的SCC　　　　　(b) 采用DDC系统的SCC

图 7 - 11　监督控制系统流程框图

3）集散控制系统

集散控制系统又称为分散控制系统或分布式控制系统，它将 DDC、SCC 及整个工厂的生产管理融为一体，目前使用较多的集散控制系统有环形、总线形和分布式几种。图 7 - 12 是分布式集散控制系统的流程框图，整个处理过程可以概括为分散过程控制级、监督级和生产管理级 3 个层级。

集散控制系统始终围绕着操作、监督和管理高度集中，检测和控制功能分散的思路快速发展，关于如何提高可靠性、强化系统应用灵活性、减少和简化设备、降低成本、便于维修和更新扩充等方面的研究从未间断。

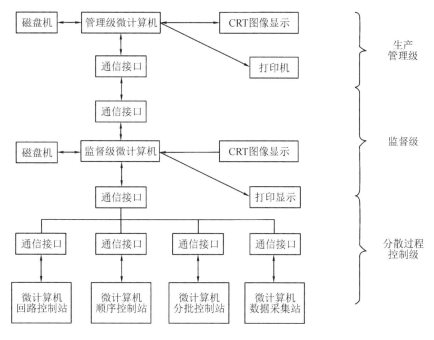

图 7 - 12　分布式集散控制系统流程框图

4）递阶控制系统

随着计算机技术的发展，人们已经很好地掌握了系统控制的方法，并着眼于对工厂的生产效率、能源消耗、利润指标等方面信息的管理，希望可以将生产过程的监控与科学化企业管理结合起来，这也是递阶控制系统的设计初衷。

递阶控制系统一般会分成 3 个层次，如图 7 - 13 所示，第一层是直接控制级，负责对现场设备的控制；第二层是监督控制级，负责指挥直接控制级工作并向上一级传送信息；第三层是管理信息级，负责总体的协调管理，并调度、指挥监督控制级工作。各级分工明确，相互联系和制约，使整个系统实现可靠平稳的运行。

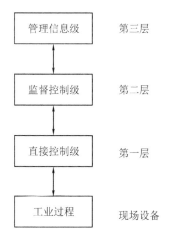

图 7 - 13　递阶控制系统流程框图

5）现场总线控制系统

现场总线控制系统是一个被控过程，是由传感器、数据融合机制及施动器三个部件组成的实时连续反馈系统。其中，多个传感器为数据融合机制提供有关被控过程当前状态的信息；数据融合机制部件是一个数据处理系统，它利用传感器提供的信息，计算所需的操作，以减少系统设定的理想状态和当前状态之间的差异；施动器实现经数据融合机制计算出的行为操作。现场总线控制系统控制层结构如图 7-14 所示。

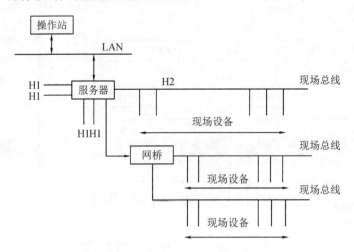

图 7-14　现场总线控制系统控制层结构

现场总线控制系统经过不断的优化，一对双绞线上可挂接多个控制设备，节省安装和维护开销，提高了系统的可靠性，使自控设备与系统步入信息网络的行列，同时也为用户提供了更为灵活的系统集成主动权，为应用开拓了更为广阔的领域。

7.3.3　计算机控制系统发展

1. 计算机控制系统的发展历程

回顾工业过程中计算机控制系统的发展历史，可以概括为起步期、试验期、推广期、成熟期，并向着进一步发展快速迈进。

1）起步期

世界上第一台数字计算机于 1946 年在美国诞生，最初用于科学计算和数据处理，随后人们开始尝试将计算机用于导弹和飞机控制领域。从 20 世纪 50 年代开始，首先在化工生产行业实现了计算机的自动测量和数据处理任务；1954 年，在工业生产环境尝试并实现了计算机的开环控制方式；1959 年 3 月，美国德州一家炼油厂的聚合反应装置中使用了世界上第一套工业过程计算机控制系统，该控制系统实现了对 26 个流量、72 个温度、3 个压力和 3 个成分的检测及其控制任务，该控制系统的目标是确定 5 个反应器进料量的最佳分配方案，根据催化剂的活性测量结果来控制热水流量以及确定最优循环。

2）试验期

1960 年，美国的一家合成氨工厂实现了计算机的监督控制应用；1962 年，英国帝国化学工业公司也成功地利用计算机(控制系统)代替了原来的模拟控制系统，该计算机控制系统可以检测 224 个参数变量，直接控制 129 个阀门执行部件，直接数字控制系统由此产生。

直接数字控制系统是计算机控制技术发展过程中一个重要的里程碑,此时,计算机已成为闭环控制回路的一个组成部分,系统在应用的呈现过程中,相较于模拟控制系统具有更显著的优势,使人们看到了 DDC 广阔的推广前景,以及它在控制系统中的重要地位,从而对计算机控制理论的研究与发展起到了推动作用。

3)推广期

随着大规模集成电路技术在 20 世纪 70 年代的迅猛发展,第一台微型计算机于 1972 年孕育而出,计算机过程控制技术随之进入崭新的发展阶段,逐渐涌现出各种类型的计算机和计算机控制系统。但是,采用局部范围的单变量控制方式难以适应现代工业高度复杂化、生产过程高度连续化、大型化的特点,为了提高整个系统的控制品质,就必须通过改进现有的控制结构及优化控制策略等方式来解决,集散型控制系统随之产生。集散型控制系统配以友好、方便的人机交互界面和数据共享机制,专注于使控制策略朝着分散控制、集中管理的方向改进,为提高工业控制系统整体水平奠定了基础。集散型控制系统成功地解决了传统集中控制系统可靠性较低的问题,使计算机控制系统获得了大规模的推广应用,世界上几个主要的计算机和仪表公司在 1975 年几乎同时推出了计算机集散控制系统,如美国 Honeywell 的 TDC - 2000 以及新一代的 TDC - 3000、日本横河公司的 CENTUM 等。可编程序控制器(Programmable Logical Controller,PLC)在这一时期也突破了传统上的作为继电器替代产品使用的局限,逐步发展为在过程控制和数据处理方面的广泛应用,实现了将界限分明的强电与弱电合二为一的变革,可以通过将二者统一并发展为面向过程级的计算机控制系统,进行系统设计并加以实施。PLC 始终是工业自动化控制领域的主战场,新型 PLC 系统在稳定可靠及低故障率的基础上,增强了计算速度、通信性能和安全冗余技术处理,使其发展能够更满足工业自动化的要求,为自动化控制应用提供安全可靠和较为完善的解决方案。

4)成熟期

20 世纪 90 年代初,出现了将现场控制器和智能化仪表等现场设备用现场通信总线互连构成的新型分散控制系统,即现场总线控制系统(FCS),它是由现场总线、现场智能仪表和 PLC、进程间通信(IPC)组成的系统。将现场智能仪表、PLC 和监控机通过一种全数字化、双向、多站的通信网络连接成的 FCS,可靠性更高,成本更低,设计、安装调试、使用维护更为简便,是今后计算机控制系统的发展趋势。

其实到目前为止,DCS、PLC、FCS 之间的界限已经越来越模糊,这些系统都致力于为各种工业控制应用提供集成的、新一代控制平台,在此平台基础上,用户只需通过模块化、系列化的软硬件产品组合,即可完成对控制系统的"量身定制"。尽管随着工业控制技术的不断发展和深入,不同的控制系统正逐步趋于一致,最终将相互融合,但是各种控制系统具有各自的应用特点和适用范围,用户仍然需要针对不同的控制环境和技术要求进行选择。

2. 计算机控制系统的发展趋势

信息技术的发展对计算机控制系统的发展有着重要的影响,若想要使计算机控制系统获得进一步的推广和应用,就需要对被控对象或生产过程有更为深刻的了解,对过程检测技术、先进控制理论与技术、计算机技术等领域进行更加深入的研究。计算机控制系统未来将会向着如下 5 个方向发展。

1）控制系统的网络化

计算机网络将原来分散在不同地点的现场设备连接在一起，在系统中进行工业数据的远程传送与集中管理，可以保证系统间的连接与交流，打破了原有的信息孤岛，各种层次、各种规模的计算机网络控制系统将会得到越来越广泛的应用。

2）控制系统的扁平化

现场级网络技术使控制系统的底层通过网络技术实现了互联互通，现场网络的连接能力和信息管理能力的提高使现场网络中能够接入更多的设备。新一代计算机控制系统的结构已经发生了明显的变化，高层控制器与底层执行对象的中间层逐渐减少，逐步形成了两层网络的系统结构，既可以减少各层级间的相互依赖程度，也可以避免系统的结构过于复杂，扁平化发展的趋势将越来越显著。

3）控制系统的智能化

随着人工智能技术的发展，控制理论也发展到更高级的智能控制阶段，无须人类的干预，智能控制系统就可以实现信息处理、信息反馈和控制决策，成为利用传统方法难以解决的复杂系统控制问题的有效实现途径。智能控制系统具有操作简单、开放、拓展性强、稳定性高、可靠性高、便于资源共享等优势，无需重点考虑本地、异地物理位置以及多媒体应用系统和设备类型，可以将多种资源整合于统一的系统平台上，再结合控制面板、触摸屏或手机实现控制操作，极大地提高运行和管理的效率。

智能控制系统广泛应用于智能会议与多媒体教学、智能家居、智能控制中心、远程控制、远程教育、远程医疗、远程会议等，进一步提高了流媒体录播系统的应用效率，改变了人们的工作和生活方式。

4）控制系统的综合化

随着现代管理技术、制造技术、信息技术、自动化技术的融合发展，综合自动化技术（ERP＋MES＋PCS）被广泛地应用于工业的各个环节，加之借助计算机系统的硬软件技术，将企业生产全部过程中人、技术、经营管理三要素及其信息流、物流进行有机的集成以实现可靠的运行，最终实现工业生产经济效益的最大化。

5）控制系统的绿色化

可持续发展观是科学发展观的核心内容，它不仅要考虑自然层面的问题，甚至要在更大程度上考虑人文层面的问题。节能环保是实现可持续发展的必然途径，为了减少甚至消除自动化设备对人类、环境的污染和损害，绿色自动化技术应运而生。保障信息安全、减少信息污染、电磁谐波抑制、洁净生产、人机和谐和绿色制造等策略将成为自动化领域的崭新课题。

7.4　计 算 智 能

作为人工智能的一个重要领域，计算智能因其智能性、并行性和健壮性，以及很好的自适应能力和很强的全局搜索能力，得到了众多研究学者的广泛关注，在生产生活的方方面面为社会发展和人们的生活带来了翻天覆地的变化。若想要将智能更好地融入更多的学科和应用方式中，同时在求解时间和求解精度上取得较好的平衡，就需要解决和提高计算机的智能计算能力，研究更多具有启发式特征的智能计算方法。这些算法大多是通过对大自然和人类智慧的模拟，在可接受的时间范围内形成问题最优求解方案，它们共同组成了计算智能优化算法。

7.4.1　计算智能算法概述

计算智能(算法)在模拟人脑的联想、记忆、发散思维、非线性推理、模糊概念等传统人工智能难以胜任的方面表现优异，在与传统人工智能技术的优势互补中不断推进和发展着人工智能的应用领域。所有的计算智能算法都有一个共同的特性，那就是通过模仿人类智能的某一个(或某一些)方面而达到模拟人类智能，实现设计最优化算法的目的，比如模仿生物界的进化过程，模仿生物的生理构造和身体机能，模仿动物的群体行为，模仿人类的思维、语言和记忆过程，模仿自然界的物理现象等。但是这些算法在具体实施方法上存在着一些差异。

目前，计算智能算法主要包括神经计算、模糊计算、进化计算和单点搜索四个部分，如图 7-15 所示，其中，人工神经网络算法和模糊逻辑分别指通过模仿人脑的生理构造、信息处理过程或者通过模仿人类语言和思维中的模糊性概念来模拟人类的智慧，而进化计算是指通过生物进化过程和群体智能过程来模拟大自然的智慧，单点搜索算法则是利用仿生学的原理，将自然动物中的一些现象抽象成算法来处理相应的问题。

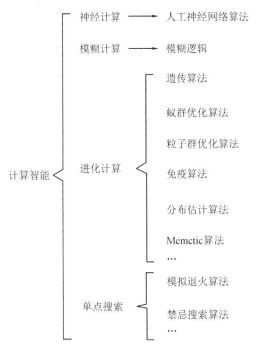

图 7-15　计算智能主要分类一览图

从目前的研究现状来看，计算智能的主要理论基础是数学、生物学和群体智能等，对计算智能算法的稳定性和收敛性的分析与证明也是算法研究的主要技术方向之一，通过数值实验方法和具体应用手段检验计算智能算法的有效性和高效性是研究计算智能算法的重要方法。尽管计算智能处于蓬勃发展阶段，但由于缺乏坚实的数学基础，其发展仍然面临着严峻的挑战。

7.4.2　计算智能典型算法

1）神经网络

神经网络系统是一种自适应的非线性动力系统，它比一般的非线性系统更复杂。神经网络是由大量结构和功能十分简单的神经元组成，其行为丰富多样且具有一定的复杂性。尽管神经网络借鉴了神经科学的基本成果，但是如果想要对这一学科实现全面研究，会涉及计算机、控制论、信息学、数学、物理、力学、哲学、心理学乃至生物进化论、医学免疫学等各方面的知识内容，是一门高度综合的学科，极有可能为下一代计算机及人工智能研究开辟一条崭新的途径。从现有进展及前景来看，关于神经网络的研究具有很强的现实意义和发展前景，但是由于系统的复杂性，目前的研究仍属于基础性的原理研究阶段，对其性质、功能等的研究还需要进行更加深入的探索和挖掘。

2）模糊逻辑

模糊逻辑是对人脑的不确定性概念判断和推理思维方式进行模仿，对模型未知或不能确定的描述系统以及强非线性、大滞后的控制对象，应用模糊集合和模糊规则进行推理，表达过渡性界限或定性研究，实行模糊综合判断，推理并解决常规方法难于实现的规则型模糊信息问题。模糊逻辑系统通常包括模糊化、模糊推理和去模糊化 3 个模块，在模糊推理模块中，需要根据输入参数的数量和模糊等级值的数量设计相应的规则，所以这个模块决定着整个系统的复杂度。

3）进化计算

进化计算是从大自然适者生存、优胜劣汰的进化规律中获得的灵感，算法将群体中的每个个体称为染色体，将个体特性称为基因，子代通过个体间的竞争繁殖产生，利用个体之间的交叉、变异、选择等过程实现群体的进化。从数学角度讲，进化算法实质上是一种搜索寻优的方法，在经过反复多次迭代的过程后，逐步逼近最优解。遗传算法是进化计算的典型算法之一，已被成功地应用于数据挖掘、故障诊断、行程安排、时间序列逼近等研究领域。

4）群体智能

群体智能的灵感来源于群居生物体的社会行为，通常群体中的个体行为简单，且个体之间没有差异，群体中没有中心控制个体，相互之间通过协作来完成复杂问题的求解。粒子群算法就是最为典型的群体智能算法，起源于对鸟类寻找食物时的飞行行为轨迹的研究。传统的粒子群算法可调参数较少，算法容易实现，且具有较高的运行效率，但是依然存在陷入局部最优解的风险。通过引入惯性权重、拓扑结构等手段对传统粒子群算法进行一系列的优化改进，使得对连续优化问题及离散优化问题的解决都取得了较好的效果。

5）人工免疫系统

人工免疫系统算法的灵感来源于自然免疫机制，它将自然免疫系统中的抗原、抗体、亲合度、B细胞、树突细胞、T细胞等一系列概念引入到对实际问题的分析中，建立了问题模型。与传统智能计算方法相比，免疫算法在全局收敛能力和收敛速度方面都表现出一定的优越性，它克服了寻优处理过程中的早熟现象，但是大量参数的配置问题成为制约人工免疫算法进一步发展的因素。人工免疫系统已经被广泛应用于模式识别、机器学习和自动控制等领域，随着对免疫学研究的不断深入，人工免疫系统将会得到进一步的完善，其分类性能和处理能力也会得到进一步的提高。

思考题与习题 7

7 - 1　与传统传感器相比,简述智能传感器的特点。

7 - 2　为什么要对传感器检测信号进行处理? 简述信号处理的典型方法。

7 - 3　对传感器的干扰都有哪些,简述抑制干扰的方法。

7 - 4　简述计算机控制系统的组成结构。

7 - 5　举例说明计算机控制系统的应用。

7 - 6　简述计算智能方法的定义及作用。

第8章　无线传感器网络在军事上的应用

信息技术正推动着一场新的军事变革,信息化战争要求作战系统"看得明、反应快、打得准",谁在信息的获取、传输、处理上占据优势,谁就能掌握战争的主动权。无线传感器网络以其独特的优势,能在多种场合满足对军事信息获取的实时性、准确性、全面性要求,协助实现有效的战场态势感知,满足作战力量"知己知彼"的要求。无线传感器网络具有密集型和随机分布的特点,该特点使其非常适合应用于恶劣的战场环境,执行敌情侦察,兵力、装备和物资监控,生化攻击识别等多方面作战任务。

军事应用中,对无线传感器网络技术的典型设想是,使用飞行器将大量微传感器节点散布在战场的关键区域和行动路线上,在各个节点之间建立同步时钟,形成多条自组网网络,使战场信息实现边收集、边传输、边融合,为各参战单位提供必要的情报服务。无线传感器网络中的节点主要具备3个功能:网络信息收集、采集数据处理和无线通信。实际应用中使用的无线传感器节点体积小、成本低,很多节点能够根据实际需要进行系统定位、电源再生以及单元移动。在实际作战指挥过程中,只需进行相应节点的投放,就能够详细掌握作战过程中敌方的具体位置等信息,做到知己知彼,为战争的获胜发挥重要作用。无线传感器网络在军事领域应用得十分广泛。

8.1　在侦察方面的应用

8.1.1　军事侦察应用概述

自冷兵器时代以来,侦察一直是勇敢者的行动,这项活动危险系数高、条件艰苦。军事侦察,是指为获取国家安全和军事斗争所需情报而进行的活动,按任务范围分为战略侦察、战役侦察、战术侦察;按军种分为陆军侦察、海军侦察、空军侦察、战略导弹部队侦察;按活动空间分为地面侦察、海上侦察、空中侦察;按活动方式分为武装侦察、谍报侦察、技术侦察等。军事侦察是组织军事建设、指挥军事行动以及取得军事斗争胜利的重要保障,随着科技水平的不断发展与进步以及作战方式的不断调整与升级,侦察应用技术的地位将会更加重要。

现代战争已覆盖海、陆、空、电、网等多维空间,随着侦察范围的急剧扩大,加之反侦察技术水平的不断提高,侦察的难度也在逐渐加大。对拥有高度现代化设备设施的敌人进行侦察,仅仅依靠传统的侦察手段难以满足指挥方对战况情报质和量的要求,需要更加先进的侦察手段来适应现代化的作战方式。目前,各类无人装备层出不穷,涌现出无人侦察车和高空侦察卫星等各种各样的无人侦测平台,侦察行动呈现出高、精、快的趋势,大大提高了侦察效率,同时降低了人员的消耗。

无线传感器网络实现侦察的过程可以概括为：首先对战场中的地形、地貌、路况、气象、水文、敌我双方的兵力部署、武器配备和人员调动等进行远程、精确、全天候和隐蔽的侦查与监测，全方位地洞察战场环境；然后对获得的原始数据进行传输、筛选、挖掘和融合，向战场指挥员提供一个动态、实时更新的战场信息数据库，提升指挥员对战场态势的感知水平；最终融合来自战场的其他信息，形成完备的战场态势图，为更准确地制定战斗行动方案提供情报依据。美国海军开展的"协同作战能力"计划可以使指挥中心感知到作战空间的全貌并保持数据的实时更新；美国陆军开展的"无人值守地面传感器"和"战场环境侦查与监视系统"项目的研究已经取得了实质性的进展；美军的"智能尘埃"项目可以形成严密的战场监视网络，对作战国的军事力量以及人员和物资的流动做到了如指掌；在美军的自动化指挥系统 C4ISRT 中，传感器网络也是不可或缺的一部分，指挥系统的目的就是利用先进的高科技技术，为未来的现代化战争设计一个集命令、控制、通信、计算、智能、监视、侦察和定位于一体的战场指挥系统，很多军事发达的国家也非常重视对这个系统的研究。

应用于军事侦察中的无线传感器网络主要具有以下几个特性。

1）战场适应能力强

由于无线传感器网络是一个节点对等的网络，每个节点都具有路由功能，各个节点的工作不依赖任何预设的网络基础设施，所以网络中不存在严格的中心控制节点，节点供电后就可以快速自动地组成一个独立的网络，这一优势使无线传感器网络具有很强的战场适应能力。

2）战场生存能力强

当网络中某些传感器节点因受到环境干扰或人为破坏而无法正常工作时，网络自身无需依赖外界的帮助，可通过有效地容纳或剔除变化的节点，通过协调互补实现动态的连接，从而组建出新的网络系统，维持原始工作状态，确保节点的损坏不会对全局任务的执行带来负面的影响。这种自适应的可扩展性大大提高了无线传感器网络的战场生存能力。

3）准确性高

无线传感器网络系统可以通过在侦察区域布设大量低成本的传感器节点，从而获得与侦察目标的近距离接触，对侦察对象形成分布式、多角度、全方位的监测。多节点联合与多方位信息融合的方式能够有效地提高信号信噪比，减少环境噪声对系统性能的影响，提高侦察的准确性。此外，无线传感器网络具有较高的节点冗余、网络链路冗余以及采集数据冗余的优点，使得整个系统具备很强的容错能力，自适应路由算法和个别节点的移动性还使得无线传感器网络可以根据战场情况的变化，对网络拓扑结构进行适时的调整，有效消除侦察区域内的阴影和盲点，从而探测准确性得到进一步的提升。

8.1.2　智能尘埃

人们不愿意在自己的房屋、车辆或者办公室中看到漂浮的尘埃，但是有一种尘埃另当别论，它就是"智能尘埃"（Smart Dust）。"智能尘埃"并不是真正意义上的尘埃，它是指 20 世纪 90 年代末由美国国防部提供资金、加州大学伯克利分校实施的一项科研课题，是一个由无数具有电脑功能的低成本、低功率的超微型传感器（某些传感器只有药片那么大，绝大部分传感器的体积相当于一个传呼机，也称尘埃）、微处理器、无线电收发装置共同组成的监测系统，可以监测周边环境的温度、光亮度和振动程度，甚至可以感知环境中的辐射或有毒化学物质。将这些超微型传感器散放在一定的监测范围内，就能够实现相互定位、收集数据并向基站传递信息。由于硅片技术和生产工艺的突飞猛进，智能尘埃已经从科幻作品走向现实的世界，集成有传感器、计算电路、双向无线通信模块和供电模块的尘埃器件，在保证器件的信息收集、处理、发送能力不断提高的基础上，体积已经可以缩小到沙粒般大小。智能尘埃的远程传感器芯片能够跟踪敌人的军事行为，如果将大量智能尘埃装置隐藏于宣传品、子弹或炮弹中，一旦在目标地点铺设下去，就可以形成严密的监视网络，可以实时了解敌国军事力量和人员、物资等的流动情况。

　　前面也提到过，智能尘埃可以对监测区域的信息进行全面完备的采集和处理，但是由于无线传感器网络节点投射的随机性，如果需要得到更为直观和真实的现场情况，就必须掌握数据源节点的位置信息。传感器节点的定位是无线传感器网络布设完成后面临的首要问题，需要依靠有限的已知位置节点来确定布设区中其他节点的位置，在传感器节点间建立起一定的空间关系。针对不同的应用场景，节点定位的难度也不尽相同，例如，军事应用中节点布设最为常见的方式是空投，这就导致了节点位置随机性非常高，并且系统可使用的外部支持也很少，但是在某些其他场合，节点的布设可能相对容易，系统也可能有较多的外部支持。

　　全球定位系统（GPS）技术的成熟和广泛应用使得对网络节点位置信息的感知成为可能。通常会设定一些条件和前提来降低节点定位技术的研究难度，比如节点具有测量与相邻节点间距离的能力，节点不具有自主移动能力；或者如果有一定比例的节点，其位置已知或者具有 GPS 定位功能，那么这些节点就可以作为定位的参考点；等等。但需要说明的是，在无线传感器网络中，并不需要为所有节点配备 GPS 接收装置，这是因为一方面节点一般是廉价的，而 GPS 接收装置的成本较高；另一方面 GPS 对使用环境有一定的限制，在水下、建筑物等环境中不能直接使用。

　　关于无线传感器网络定位技术的研究，目前仍处于起步阶段，随着研究工作的开展及研究内容的深入，新的问题也在不断涌现。为了加快技术的进步以及将技术研究成果尽快付诸实践，除了专注于对定位算法本身的研究外，还可以从更多的角度进行尝试和探索，比如，优化定位算法性能评价的模型和量化方法，建立标准的仿真技术和仿真系统来模拟定位算法，实现大规模或超大规模网络自身定位问题的低成本和高精度，实现移动网络环境下具有自调整特性的定位算法，等等。

　　在军事侦察中，要求对信息的感知全面而准确，除了考虑探测需求的隐蔽性以及网络传输的特殊性，网络的安全问题也是至关重要的，必须要保证各节点之间的稳定及安全。传统应用中无线传感网络通常会承载很大的数据负荷，在数据的传输过程中很容易出现不稳定或者数据错误，这种情况在军事应用中是致命的，一旦出现会给国防安全带来毁灭性的后果，为了避免这种问题的出现，必须将传感器网络重新设计优化，同时采取相关的防护措施以应对各种问题。保密性、真实性、完整性与可扩展性是安全防护中需要重点考虑的要素。保密性强调了传感器网络中认证机制的重要性，因为攻击方很可能打入内部网络以窃取信息，所以用户在接收数据时，首先需要分析和掌握数据来源是否存在安全隐患；

真实性要求信息的传播方和接收方经过授权后按照一定的规则对数据进行处理,通过加密手段在各节点之间实现信息数据的传输,接收方能够不受外界的影响把信息正确地解读出来;完整性是指在保密性得到有效保障后,攻击方很难发现信息数据或者窃取其中的内容,但是接收方也不能完全确定信息是否安全,因为在无线网络传输的过程中还会存在着数据篡改和截取等不可控威胁,这就需要使数据经过验证后再进行传播;经过密钥的管理,信息数据就拥有了可扩展性,因为信息数据能够经过的节点很多,网络覆盖范围很广,所以在网络部署完成后需要充分考虑对节点数量增减变化的支持。

8.1.3　激光雷达

激光雷达分辨率高,可以采集如方位角-俯仰角-距离、距离-速度-强度等形式的三维数据,并将数据以图像的形式显示,从而获得辐射的几何分布图像、距离选通图像、速度图像等,有潜力成为重要的侦察手段之一。

美国雷锡昂公司研制的 ILR100 激光雷达,安装在高性能飞机和无人机上,在待侦察地区上空以 $120 \sim 460$ m 的高度飞行并采用 GaAs 激光进行逐行扫描,扫描后的影像信息可以实时显示在飞机的显示器上,或通过数据链路发送至地面站。1992 年,美国海军执行了"辐射亡命徒"先期技术演示计划,演示用激光雷达远距离非合作识别空中和地面的目标。这项演示计划使用的 CO_2 激光雷达在 P-3C 试验机上进行了飞行试验,实现了利用目标表面的变化、距离剖面、高分辨率红外成像和三维激光雷达成像来识别目标物的目的。针对美国海军陆战队的战备需求,桑迪亚国家实验室和 Burns 公司分别提出了手持激光雷达的设计方案,这种设备重量在 $2.3 \sim 3.2$ kg 之间,能由一名海军陆战队队员携带或安装在三脚架上,在低光照条件下也可以正常工作,自动聚焦并采集清晰的影像信息,实现分辨远距离车辆和近距离人员的侦察目的。

激光雷达的侦察能力无可置疑,但是它的应用并未局限于此,经常可以在很多其他场景中发现激光雷达的踪影。

(1) 直升机障碍物规避激光雷达。

直升机在进行低空巡逻飞行时,极易与地面小山或建筑物相撞。美国研制的直升机超低空飞行障碍规避系统,使用固体激光二极管发射机和旋转全息扫描器,检测直升机前方很宽的空域,检测到地面障碍物信息后会实时显示在机载平视显示器或头盔显示器上,为安全飞行起到了很大的保障作用。德国戴姆勒奔驰宇航公司研制成功的障碍探测激光雷达是一种固态的 $1.54\ \mu m$ 光纤成像激光雷达,视场角为 $32° \times 32°$,能探测 $300 \sim 500$ m 距离内直径为 1 cm 的电线目标。法国达索电子公司和英国马可尼公司联合研制的吊舱载 CLARA 激光雷达采用了 CO_2 激光器,不但能够探测标杆和电缆之类的障碍物,还具有地形跟踪、目标测距和活动目标指示等功能。

(2) 化学战剂探测激光雷达。

生化武器是一种大规模杀伤性武器,面对不断扩散的化学和生物武器的威胁,许多国家正在采取一定的措施,加强对这类武器的防御。传统的化学战剂探测装置由士兵肩负,前进同时完成探测,速度较慢且易对士兵的人身安全造成威胁。化学战剂最重要的特性在于每种化学战剂仅能吸收特定波长的激光,而对其他波长的激光来说是透明的,被化学战剂污染的表面会反射不同波长的激光，基于此激光雷达就可以利用差分吸收、差分散射、弹性后向散射、感应荧光等原理，实现对化学生物战剂的探测。俄罗斯研制成功的 KDKhr-1N 远距离地面激光毒气报警系统，可以实时远距离地探测化学毒剂攻击，确定毒剂气溶胶云的斜距、中心厚度、离地高度、中心角坐标等毒剂相关参数，然后通过无线电通道或有线线路向部队自动控制系统发出报警信号，相较于传统探测方式，该系统取得了很大的进步。德国研制成功的 VTB-1 型遥测化学战剂传感器技术更为先进，使用两台 $9\sim11\ \mu m$、可在 40 个频率上调节的连续波 CO_2 激光器，利用微分吸收光谱学原理遥测化学战剂，既安全又准确。

（3）机载海洋激光雷达。

声呐是传统的水中目标探测装置，根据声波的发射和接收方式，声呐可分为主动式和被动式，对水中目标起到警戒、搜索、定性和跟踪的作用，但是声呐体积一般很大，重量在 600 kg 以上，有的甚至重达几十吨。而激光雷达是利用机载蓝绿激光器进行激光发射和接收的设备，通过发射大功率窄脉冲激光，探测海面下目标并对其分类，操作简便、精度高。现今机载海洋激光雷达以第二代系统为基础，又增加了 GPS 定位和定高功能，使系统与自动导航仪对接，实现了对航线和高度的自动控制。

（4）成像激光雷达。

美国诺斯罗普公司为美国国防高级研究计划局研制的 ALARMS 机载水雷探测系统，具有自动、实时监测功能和三维定位能力，定位分辨率高，可以 24 h 不间断执行水下探测任务。美国卡曼航天公司研制成功的机载水下成像激光雷达，最大优势是可对水下目标成像处理，由于成像激光雷达的每个激光脉冲覆盖面积广，所以搜索效率要远远高于非成像激光雷达。另外，成像激光雷达可以显示水下目标的形状等特征，使识别更为简便高效，在其他应用领域也获得了普遍的认可和推广。

8.1.4 军事卫星

军事卫星技术开辟了海、陆、空之外的第四种战场，可以说，在当代军事领域谁拥有了战略军事卫星，谁就拥有了战争的主导权。军事卫星是指用于各种军事任务的人造地球卫星，按用途一般可分为军事侦察卫星、军用气象卫星、军用导航卫星、军用测地卫星、军事通信卫星和拦击卫星等。作战时期，很多民用卫星也可以被用作军事用途，如低轨道的多接口通信卫星、KH-11 大鸟侦察卫星、SPOT 遥感卫星、LEASAT（Leased Satellite）同步轨道卫星、高轨道的 GPS 卫星网等。

1. 军事侦察卫星

军事侦察卫星是使用最为广泛的军事卫星，按照卫星所担负任务和设备的不同，可分为电子侦察卫星、预警卫星等。这种卫星可以在战争预备阶段就投入使用，为后续的战略部署打下坚实的基础。军事侦察卫星装载着可见光、红外以及多光谱等成像设备，具有成像侦察能力，虽然这些成像设备自身存在一定的缺点，但是经过它们彼此间的有机配合却可以实现全天候、全天时高质量的成像侦察。其中，电子侦察卫星是一种可以发出电磁信号来测定信号源位置的侦察卫星，这类卫星的特点是具有高灵敏度和高实时信息处理能力，在战争中有着极其重要的战略地位。例如，20 世纪海湾战争中，美国在空袭伊拉克之前就是通过电子侦察卫星搜集到大量关于伊拉克的情报，并且利用这些情报对其开展电子战争，干扰伊拉克大部分雷达的正常使用，阻断了战场之间的通话，导致对方无线电通信全部瘫痪。洲际导弹的飞行时间可以长达几十分钟，中程导弹也要飞行几分钟到十几分钟不等，充分利用好这一时间缺口可以为扭转战局赢得宝贵的时间。导弹预警卫星可以在最短的时间内发现导弹的发射状态，通过对飞行弹道的计算，确定落点和攻击目标，信息会及时传输至本部指挥中心，预警其做好防护、反击的准备。

当代的军事侦察卫星，是一双真正的千里眼，其主要优势包括以下几个方面。

（1）运行速度快。

一般的侦察卫星，在空中可以停留两年以上的时间，在此期间，可以侦察到目标的连续变化情况。如果是近地轨道上的侦察卫星，其飞行速度较快，每秒钟可达七八千米，一个半小时左右就可以绕地球旋转一圈，比火车、汽车快几百倍，比超音速飞机也要快十几到二十几倍，使得侦察任务能及时且连续地完成。

（2）辐射范围广。

以同样 20° 的视角比较飞机和卫星，从 3 km 高度的飞机上看向地面，大约能看到地面 1 km² 的范围；而从 300 km 高空的卫星看向地面，大约可以看到 10 000 km² 的范围，范围相差万倍以上。有人做过计算，从高空飞机上拍摄我国全貌，大约需要 100 万张照片，持续约 10 年的时间；如果用卫星进行拍摄，则只需几天时间内拍摄 500 多张照片就可以完成。

（3）限制条件少。

在敌方地面上空拍摄军事目标极易被发现并反制，而且空中侦察拍照本身也已经对领空主权造成了侵犯，飞机也有被打掉的风险。侦察卫星却不存在这样的限制，它可以不受国境的限制，避免了侵犯领空带来的麻烦，高山、大海、荒漠戈壁、茂密森林以及所有人类无法到达的地方，都支持卫星的侦察。

海洋监视也是军事侦察卫星的典型且重要的应用领域，主要用于监测、识别、追踪以及定位全球海面上的舰艇和海下活动的潜艇，要求能够全天候监测海面，完成一系列监视和探测任务，譬如，有效鉴别敌舰队形、航向航速；探测水下潜航中的核潜艇；跟踪低空飞行的巡航导弹；为作战指挥提供海上目标的动态情报；为武器系统提供超视距目标指示；为国家航船的安全航行提供海面状况和海洋特性等重要数据；探测海洋的各种特性，包括海浪高度、海流强度和方向、海面风速及海岸性质；等等。

2. 军事通信卫星

军事通信卫星是配置在空间无线电通信站、担负各种通信任务的人造地球卫星，具有通信距离远、容量大、质量好、可靠性高、保密性强、生存能力强、灵活机动等特点。战术卫星是军事通信卫星的典型代表，是指在战场或作战区域中，直接用于军事行动指挥控制的卫星通信装备、服务和程序。战术卫星地面站使用的是专用军事装备，针对战场使用情况进行了优化。除战术通信外，军事通信卫星的通信内容通常还包括从作战区域到本土或者距前线很远的上级指挥部的信息、原始情报或监视数据，以及未参与直接作战的部队和司令部的卫星通信内容。以下是军事通信卫星几个典型的应用。

1）空-地融合

空地通信的常规方式是通过 UHF 波段的视距连接实现的，但是在实际情况中地理和作战环境会严重限制这种视距连接的能效，而且在城市或山区地形以及飞机必须低空飞行的条件下，这种限制会更为严重。战术卫星可以将通信距离扩展到支援飞机起飞的航空基地或前线作战基地，这样机组成员就能最大程度地使用地形掩护飞行，防止被敌军探测和攻击，同时接收甚至转发来自后方的战术情报，随时直接连接到任意部队的联合终端攻击控制员（JTAC）、联合火力观察员（JFO）或末段引导操作人员，使双方均可实现通信效率最大化。最重要的是，地面操作人员也能够尽可能多地向机组成员提供他们掌握的信息，更早地启动简报工作，弱化时间限制的影响。

2）地-地融合

地面部队的战术指挥控制通常会通过 VHF 波段视距连接或 HF 地波传播实现，尽管 VHF 波段更具弹性，但是仍然会受到环境因素的影响，面临链路几何布局问题和地形障碍等，这种情况下只能通过升高天线高度进行克服，可是在实践中电台需要由士兵携带或装配在移动车辆上，因而这种方式并不可行。此外，地面部队的协同作战中，当班、排、连被分级组织起来各自部署时，通信距离通常可以满足 VHF 的要求；但是在和平支援行动中，情况却有所不同，因为作战区域可能要大得多，作为前方部署的掩护或警戒力量，部队会被部署到其上级部队的地理边界之外，导致超出了 VHF 波段距离，无法完成通信任务。HF 通信同样具有上述问题，而且因为需要传输的信息过多，会使带宽严重不足。为了适应这样的作战环境，一方面，部队内部的无线电网络可以采用地面 VHF 或 UHF，保证极低的辐射功率，使敌人难以进行测向；另一方面，通过战术卫星提供部队指挥官与更高级梯队指挥部之间的连接，利用地形掩护和定向天线的方式最大程度降低被敌方探测到的风险。

3）军事 VSAT 融合

当作战区域远离上级梯队指挥控制机构时，部队与指挥机构可能不在同一卫星覆盖范围内，在使用 L-TAC 点波束的情况下这种问题更容易发生，如果部队部署在海外，即使采用 UHF 也无法避免这种情况的发生，具有战略意义的军事行动有时需要位于本土的指挥控制机构进行近实时监督和决策。卫星通信是在作战部队、战场指挥机构以及本土之间建立连接的唯一解决方案，为了实现远距离通信甚至洲际通信，通常需要在多种卫星通信网络之间进行转发。此外，由于 L-TAC 的服务费是基于点波束数量收取的，除了考虑与作战和覆盖范围相关的约束条件外，从经济因素出发，也会优先考虑成本更为低廉的军事 VSAT（甚小天线地球站）方式实现回传连接。

我国成功发射的多枚卫星系统，大大提高了国家的国防科技力量，使我国正式迈入了军事强国的行列，有效捍卫了国家的主权。

8.2 在火控方面的应用

8.2.1 火控系统概述

火控系统是控制武器自动或半自动地实施瞄准与发射的装备的总称，全称是武器火力控制系统。现代火炮、坦克炮、战术火箭和导弹、机载武器（航炮、炸弹和导弹）、舰载武器

(舰炮、鱼雷、导弹和深水炸弹)等大部分都配有火控系统。非制导武器配备火控系统,可以提高瞄准与发射的快速性与准确性,增强对恶劣战场环境的适应性,以充分发挥武器的毁伤能力。制导武器配备火控系统,可以改善制导系统的工作条件,提高导弹对机动目标的反应能力(发射前进行了较为准确的瞄准),减少制导系统的失误率。

火控系统由目标跟踪器、火力控制计算机、系统控制台、射击控制仪、接口设备、必要的外围设备等组成,按照用途分为舰面火控系统、航空火控系统、地面火控系统,按照信号形式可分为模拟式火控系统和数字式火控系统,按照武器种类又可以分为轻武器火控系统、重武器火控系统、装甲火控系统等。

基于无线传感器网络技术,火控系统的功能可以非常强大,具体有:

(1) 目标搜索与辨识。

利用观测器材搜索目标是火控系统的第一项任务。火控系统中常用的观测器材有雷达、光学或激光测距仪、红外或微光夜视仪、战场侦察电视、声测器材、声呐、地图与航空(或卫星)照片等,系统搜索到目标之后会进一步对目标的类型、型号、数量及其敌我属性进行辨识。

(2) 目标参数测量。

目标参数一般包括目标位置参数与目标运动参数两种:目标位置参数是指目标相对地理坐标系或观测坐标系的坐标,如距离、方位角、高低角等都属于目标位置参数;目标运动参数包括航速、航向、舷角、加速度等,它们是求取射击诸元(标尺、高低、方向等)不可缺少的数据。用于测量目标参数的观测器材具有较高的精度,而且针对运动目标,观测器材还必须能够实现实时跟踪,测量出一系列的参数值,为目标的瞬时位置与运动参数的估计提供条件。

(3) 气象与弹道条件测量。

气温、气压、风速、风向等气象参数和弹丸初速偏差、弹药温度、弹重偏差等弹道条件参数均会对实际弹道产生重大的影响,因此必须及时对这些参数进行测量。气象雷达、弹丸初速测量雷达是较为先进的气象与弹道条件测量设备。由于气象条件作用于全弹道范围,气象测量点应该实现弹道的全覆盖。

(4) 运载体运动参数测量。

运载体运动过程中,运载观测器材与配置火力系统的车辆、飞机、舰船的自由度变化会使观测条件恶化同时改变弹道参数,严重影响射击的效果,因此对运动参数的测量是非常重要的。除了利用常规的测量手段,载体运动导致的偏差还需要结合相关的措施予以修正和补偿,比如,观测器材、武器身管或发射架需要相对载体作量值相等、方向相反的运动,或者在求解射击诸元时进行动态修正等。用于运动中瞄准和发射的火控系统通常都装有三自由度或二自由度的陀螺系统,以便实时测量运载体的三个姿态角(俯仰、偏航与倾斜)或其角速度;对高速运动的运载体(如飞机、舰船等)还需配置测定运载体运动速度的测速装置;对于射击精度要求非常高的火控系统,如近程反导弹高射炮火控系统,不仅要求测定三个姿态角和其角速度,而且要求测量升沉、横移与纵移的速度,甚至还要考虑运载体的弹性变形。

(5) 脱靶量测量。

由于存在种种难以控制与修正的随机因素，首发或首群发的弹头可能出现脱靶的情况，这时应测量脱靶量，以对之后的射击诸元进行校射操作。对固定目标或相对武器系统运动缓慢的目标，凡是能够观测炸点、估测出炸点对目标偏差的器材均可以完成校射任务。炮兵校射雷达是一种先进的校射工具，它可以在其波瓣有效区域内估测出弹头的落点；相控阵雷达是一种先进的测量并跟踪目标与弹头随时间变化的工具，在执行飞机或导弹等高速目标的射击任务中作用十分重要。

(6) 数据处理。

现代火控系统主要由数字电子计算机来完成数据处理的工作，这种计算机称为火控计算机或指挥仪，它是火控系统的核心部件，主要任务是：存储有关目标、脱靶量、气象条件、弹道条件、运载体运动参数等的所有数据与信息；计算瞬时目标的位置与运动参数；根据实战条件下的弹道方程或存储于火控计算机中的射表求解命中点坐标，计算射击诸元；根据历史脱靶量修正射击诸元；评估射击效果；等等。火控计算机的最终目的是将控制指令输出到显示设备和随动系统，或将操纵指令输出到自动驾驶仪。

(7) 武器发射控制。

武器发射控制的目的是控制武器到达正确的射击位置，并按照预定的方式进行射击。通常会采用液压式或机电式随动系统控制武器的射角、方位角与引信分划等射击诸元，使之与火控计算机的输出值一致。当武器与运载体完全或部分固连时，某些大口径自行火炮的方位角则同车体保持一致，此时火控计算机的输出信息应传送给自动控制机构，驱动运载体按照能够使弹头命中目标的方向运动。

8.2.2　火控系统应用案例

下面介绍几个火控系统中结合无线传感器网络的典型案例。

1) 网络嵌入式系统技术(NEST)战场应用实验

NEST战场应用实验是美国国防高级研究计划局主导的一个应用了大量微型传感器、先进传感器融合算法、自定位技术等优秀研究成果的科研项目。2003年，该项目成功地验证了传感器网络技术对于准确定位敌方狙击手的优势及可行方案。利用广泛散布于特定区域、检查站、建筑物和护卫车队等地的无线传感器网络节点，作战人员能够对隐蔽的射手进行定位，甚至辨识敌方射手的射击姿态。除此之外，节点还能跟踪子弹产生的冲击波信号，在节点范围内测定子弹发射时产生的声震和枪震时间，判定子弹的发射源。

2) 沙地直线

美国陆军研究实验室组织的战略评估研讨会中有观点认为：依靠复杂的大功率传感器进行通信是不切实际的，未来战场感知的资源可能是大量部署的简单、廉价的单个设备。当分布式探测系统的设备数目成千上万或上百万地增加时，必须最大程度提高对组网和信息处理的重视程度。俄亥俄州开发的"沙地直线"（A Line in the Sand）项目，严格来说，就是满足这种要求的一种无线传感器网络系统，主要研究如何将低成本的传感器覆盖至整个战场，使系统能够散射电子绊网到任何地方以获得准确的战场信息，自动侦察和定位高金属含量目标（如敌军坦克和其他车辆）的运动，为炮火提供定位和制导信息，实现对地面战场的目标探测、分类识别和跟踪等任务。

3）机载火控系统

机载火控系统是在航空瞄准具的基础上发展起来的。20 世纪 40 年代中期，英、美等国开始在飞机上装备雷达系统，并与瞄准具交联使用，形成了最早的机载火控系统，但是这种系统将射击和轰炸独立开来，而且仅支持在昼间简单气象条件下实施尾追攻击或水平俯冲轰炸任务。20 世纪 50 年代中期以后，机载火控系统逐渐发展为具备全天候作战与对空拦射攻击能力，可控制多种弹药投射的系统。20 世纪 60 年代中期至 70 年代初，由于平视及下视显示器、脉冲多普勒雷达、光电探测装置和数字火控计算机等设备的投入使用，以及"快速射击""连续计算命中点""连续计算投弹点"和导弹离轴发射等技术的研发和应用，机载火控系统的搜索跟踪能力、抗干扰能力和投射精度得到进一步的提高。

按载机作战用途，机载火控系统可分为歼击机火控系统、强击机或歼击轰炸机火控系统、轰炸机火控系统和武装直升机火控系统。不同的火控系统虽然在对空攻击或对地攻击等方面各具优势，但仍具有一些通用的基本功能，如搜索、识别、跟踪和瞄准目标，引导或操纵载机接敌占位，控制弹药的投射和制导等。

机载火控系统通常由目标探测设备（包括雷达和光学观测装置、红外、激光和微光电视装置）、载机参数测量设备（包括各种传感器、大气数据计算机、无线电高度表和惯性平台）、火控计算机（包括机电计算机、电子模拟计算机和电子数字计算机）、瞄准显示设备（包括光学瞄准具头部显示器、平视显示器和下视显示器）和瞄准控制装置等模块组成。系统的工作过程可以描述为：目标探测设备发现并跟踪目标后，将所测得的目标位置及运动参数（距离及其变化率、角速度、方位角等）、载机参数测量设备所测得的载机飞行参数（高度、速度、加速度、角速度、姿态角、地速和偏流角等）以及武器弹道参数同时输入火控计算机，按照预定的程序进行弹道及火控计算，输出控制信息给显示器，或输出操纵指令给自动驾驶仪，飞行员即根据显示器显示的信息操纵载机（或炮塔传动装置），或由自动驾驶仪自动操纵载机，使武器迅速、准确地进入瞄准状态，及时投射并将需要制导的弹药导向目标。

机载火控系统集显示器、指挥仪和武器发射与控制系统等设备于一体，是作战飞机现代化程度的重要标志。系统工作的可靠性不仅影响飞行员对战场态势的正确判断和对攻击目标的选择，而且还直接影响飞机作战效能的发挥以及飞机和飞行员的安全，所以，必须经常对火控系统及其所属的机载设备进行性能检查，以保障机载火控系统时刻处于良好状态。

4）现代坦克火控系统

现代坦克火控系统，有些仅配置 1～2 种自动传感器，如日本 74 式坦克火控系统只配有距离传感器（激光测距仪），其他如药温、炮耳轴倾斜、炮膛磨损、视差等弹道修正量都采用手动输入方式；有些配置许多自动修正量传感器，如比利时萨布卡坦克火控系统除弹种手动输入外，其他修正量均利用自动传感器进行操作；还有些配置距离、目标运动角速度、炮耳轴倾斜及横风传感器，其他修正量由人工输入，目前采用这种情况的火控系统数量最多，如美国的 M60A3、M1、英国的 IFCS 等，它们的优势在于，将最重要的和随时可变、不便于手动输入的修正量用自动传感器输入，既不会使系统过于复杂，又保证了较高的首发命中率。

思考题与习题 8

8-1　无线传感器网络在军事侦察方面有哪些应用？

8-2　简述"智能微尘"及其优势。

8-3　简述激光雷达在军事方面的应用。

8-4　举例说明军事卫星的类型及应用。

8-5　什么叫火控系统？无线传感器网络在军事火控方面有哪些应用？

参 考 文 献

[1] 李邓化. 智能传感技术[M]. 北京：清华大学出版社，2011.

[2] 祝诗平. 传感器与检测技术[M]. 北京：北京大学出版社，2006.

[3] 李邓化，彭书华，许晓飞. 智能检测技术及仪表[M]. 北京：科学出版社，2007.

[4] 宋雪臣，单振清，郭永欣. 传感器与检测技术[M]. 北京：人民邮电出版社，2011.

[5] 郁有文，常健. 传感器原理及工程应用[M]. 西安：西安电子科技大学出版社，2008.

[6] 单振清，宋雪臣，田青松. 传感器与检测技术应用[M]. 北京：北京理工大学出版社，2013.

[7] 樊尚春，刘广玉，李成. 现代传感技术[M]. 北京：北京航空航天大学出版社，2011.

[8] 王森，耿俊梅. 传感器与检测技术项目化教程[M]. 北京：中国建材工业出版社，2012.

[9] 李邓化，彭书华，许晓飞. 智能检测技术及仪表[M]. 2版. 北京：科学出版社，2012.

[10] 田坦. 声呐技术[M]. 哈尔滨：哈尔滨工程大学出版社，2010.

[11] 于彤. 传感器应用[M]. 北京：人民邮电出版社，2009.

[12] 叶廷东，陈耿新，江显群. 传感器与检测技术[M]. 北京：清华大学出版社，2016.

[13] 张彪. 传感器技术及应用[M]. 北京：北京师范大学出版社，2012.

[14] 刘国林. 建筑物自动化系统[M]. 北京：机械工业出版社，2001.

[15] 沈聿农. 传感器及应用技术[M]. 2版. 北京：化学工业出版社，2005.

[16] 桂小林. 物联网技术导论[M]. 北京：清华大学出版社. 2018.

[17] 刘传玺，袁照平. 自动检测技术[M]. 北京：机械工业出版社，2014.

[18] 冯越. 检测与转换技术[M]. 北京：中国电力出版社，2013.

[19] 张培仁. 传感器原理、检测及应用[M]. 北京：清华大学出版社，2012.

[20] 王康，沈祖斌. PLD的发展简史及应用展望[J]. 科技视界，2015，000(001)：234-234.

[21] 李莉，刘威. 振动传感器的原理及应用[J]. 电子元件与材料，2014，33(004)：81-82.

[22] 詹青龙，刘建卿. 物联网工程导论[M]. 北京：清华大学出版社，2012.

[23] 杨云江. 计算机网络基础[M]. 3版. 北京：清华大学出版社，2016.

[24] 童敏明，唐守锋，董海波. 传感器原理与检测技术[M]. 北京：机械工业出版社，2014.

[25] 何道清，张禾，谌海云. 传感器与传感器技术[M]. 3版. 北京：科学出版社，2014.

[26] 朱蕴璞，孔德仁，王芳. 传感器原理及应用[M]. 北京：国防工业出版社，2005.

[27] 林玉池，曾周末. 现代传感技术与系统[M]. 北京：机械工业出版社，2009.

[28]　魏良，王建国，周承盛. 自动检测技术[M]. 北京：煤炭工业出版社，2007.

[29]　余成波. 传感器原理与应用[M]. 武汉：华中科技大学出版社，2010.

[30]　程兴国. 传感器技术的科学发展及哲学思考[J]. 科技信息，2011(05)：146-147.

[31]　杨少春. 传感器原理及应用[M]. 北京：电子工业出版社，2011.

[32]　周征. 传感器与检测技术[M]. 西安：西安电子科技大学出版社，2017.

[33]　张开生. 物联网技术及应用[M]. 北京：清华大学出版社，2016.

[34]　董春利. 传感器技术与应用[M]. 北京：中国电力出版社，2014.

[35]　张冉，朱胜群，瞿强. 红外热成像技术在西医学领域的研究进展[J]. 中国卫生产业，
　　　2019，16(04)：203-204.

[36]　张立新，罗忠宝，冯璐. 传感器与检测技术及应用[M]. 北京：机械工业出版
　　　社，2018.

[37]　章丽萍，张凯. 气体分析[M]. 北京：化学工业出版社，2016.

[38]　王玉田，郑龙江. 光纤传感技术及应用[M]. 北京：北京航空航天大学出版
　　　社，2009.

[39]　王维康，王显建，郑宏昌. 呼出气体酒精含量检测仪溯源技术探讨[J]. 计量技术，
　　　2015，000(007)：20-23.

[40]　郁有文，常健，程继红. 传感器原理及工程应用[M]. 4版. 西安：西安电子科技大
　　　学出版社，2014.

[41]　史忠植. 智能科学[M]. 2版. 北京：清华大学出版社，2013.

[42]　李佳，陈亮. 神经元的形态分类方法研究[J]. 科技与创新，2017(3)：13-15.

[43]　张友海. 浅谈人工神经网络的学习算法[J]. 电脑知识与技术，2018，014(019)：
　　　218，220.

[44]　吕永利. 人体形态科学[M]. 北京：科学出版社，2010.

[45]　王文发. 基于几何映射关系的数码相机定位模型的研究[J]. 计算机与数字工程，
　　　2012，40(003)：106-108.

[46]　黄桂平，李广云，王保丰. 单目视觉测量技术研究[J]. 计量学报，2004(04)：
　　　28-31.

[47]　马远良. 声呐的军事应用[J]. 兵工科技，2009，000(019)：18-21.

[48]　宋光明，葛运建. 智能传感器网络研究与发展[J]. 传感技术学报，2003(02)：
　　　107-112.

[49]　张光河. 物联网概论[M]. 北京：人民邮电出版社，2014.

[50]　叶廷东. 网络化智能传感技术研究与应用[M]. 北京：科学出版社，2018.

[51]　高美蓉. 如何抑制直接耦合放大电路中零点漂移[J]. 现代电子技术，2010(12)：
　　　13-15.

[52]　高金源，夏洁. 计算机控制系统[M]. 北京：清华大学出版社，2007.

[53]　于海生. 微型计算机控制技术[M]. 3版. 北京：清华大学出版社，2017.

[54]　褚振勇，翁木云，高楷娟. FPGA 设计及应用[M]. 3版. 西安：西安电子科技大学
　　　出版社，2012.

[55] 付植桐. 电子技术[M]. 4 版. 高等教育出版社，2014.

[56] 张军. 计算智能[M]. 北京：清华大学出版社，2009.

[57] 张新程. 物联网关键技术[M]. 北京：人民邮电出版社，2011.

[58] 宋展，胡宝贵. 智慧农业研究与实践进展[J]. 农学学报，2017，8(12).

[59] 何黎明. 中国智慧物流发展趋势[J]. 中国流通经济，2017，31(06)：3 - 7.

[60] 张冀等. 物联网技术与应用[M]. 北京：清华大学出版社，2017.

[61] 陆遥. 传感器技术的研究现状与发展前景[J]. 科技信息，2009(19)：31 - 32 + 35.

[62] 杨青锋. 我国传感技术的现状及发展之路[J]. 衡器，2012，41(05)：1 - 5.

[63] 程宝平，卜庆华. 我国传感器技术发展的现状、方向和应对措施[J]. 高科技与产业化，2008(02)：98 - 101.

[64] 顾榕蓉. 一种汉语句子中 A - is - B 模式的隐喻识别方法[D]. 江苏科技大学，2020. DOI：10.27171/d. cnki. ghdcc. 2020. 000448.

[65] 周奇荣. PLC 控制系统的攻击及攻击检测设计[D]. 浙江工业大学，2020. DOI：10. 27463/d. cnki. gzgyu. 2020. 000770.

[66] 刘修奇. 基于遗传神经网络的互联网广告点击率预测研究[D]. 沈阳工业大学，2020. DOI：10.27322/d. cnki. gsgyu. 2020. 000157.

[67] 黄江华. 人工神经网络在数据挖掘中的应用[D]. 中南大学，2006.

[68] 李杨果. 视觉检测技术及其在大输液检测机器人中的应用[D]. 湖南大学，2007.

[69] 黄桂平，李广云，王保丰，等. 单目视觉测量技术研究[J]. 计量学报，2004(04)：314 - 317.

[70] 鲁娟. 大输液中可见异物智能检测技术研究[D]. 湖南大学，2008.

[71] 包峰. 基于单目视频图像处理的铅球成绩测量技术的研究与实现[D]. 东北石油大学，2011.

[72] 徐磊. 机器视觉技术的发展现状与展望[J]. 设备管理与维修，2016(09)：7 - 9. DOI：10.16621/j. cnki. issn1001 - 0599. 2016. 09. 01.

[73] 张勇. 单目视觉坐标测量系统建模的研究[D]. 吉林大学，2009.

[74] 何梓滨. 智能视觉传感器技术及其在药品自动视觉检测的应用研究[D]. 天津大学，2008.

[75] 张友彬. 基于同视场参考点的单目视觉测量系统的设计与应用[D]. 天津大学，2007.

[76] 张宁. 基于关联基准的单目视觉远距离坐标测量方法的研究[D]. 天津大学，2008.

[77] 朱佳铖. 基于单摄像机的弹体输送运动姿态测试研究[D]. 南京理工大学，2013.

[78] 谢永杰，智贺宁. 基于机器视觉的图像识别技术研究综述[J]. 科学技术创新，2018(07)：74 - 75.

[79] 李然. 基于单目视觉的室内环境三维重构研究[D]. 吉林大学，2007.

[80] 江舜妹. 柔性测量臂激光测量头标定及精度研究[D]. 华中科技大学，2007.

[81] 蔡晋辉. 实时自动视觉检测系统相关算法及应用研究[D]. 浙江大学，2005.

[82] 秦虹. 异形瓶装溶液可见异物的视觉检测技术研究[D]. 湖南大学，2009.

[83]　周博文. 药品灌装生产线视觉检测技术及应用研究[D]. 湖南大学, 2008.

[84]　吴文欢. 计算机视觉中立体匹配相关问题研究[D]. 西安理工大学, 2020. DOI: 10. 27398/d. cnki. gxalu. 2020.000112.

[85]　张翔. 图像识别的形状特征提取算法研究及实现[D]. 西北大学, 2018.

[86]　徐江涛, 张培文, 邹佳伟, 等. 仿生视觉传感器研究[J]. 微纳电子与智能制造, 2019, 1(03): 23 - 31. DOI: 10. 19816/j. cnki. 10 - 1594/tn. 000006.

[87]　陈虹. 基于交比不变量的单目视觉目标定位测量方法[D]. 天津大学, 2010.

[88]　吴梦娟. 多目视觉三维测量方法研究[D]. 哈尔滨工业大学, 2019. DOI: 10. 27061/d. cnki. ghgdu. 2019.000881.

[89]　陈雯柏. 合成孔径技术在井壁超声成像系统的应用研究[D]. 燕山大学, 2004.

[90]　任永. 基于 CAN 总线的智能振动检测仪的研究与设计[D]. 北京化工大学, 2009.

[91]　王国军. 超声波测距传感器的研究[D]. 黑龙江大学, 2014.

[92]　王炳和, 李宏昌. 声呐技术的应用及其最新进展[J]. 物理, 2001(08): 491 - 495.

[93]　潘劲, 唐恒蔚, 张天华, 等. 探究超声波传感器的应用[J]. 决策探索(中), 2019 (12): 94 - 95.

[94]　刘昌勇, 米高扬, 胡南生. 无线传感器网络若干关键技术[J]. 通讯世界, 2016 (08): 23.

[95]　廖洁. 一种低能耗的 WSN 覆盖控制优化策略[D]. 河北工业大学, 2015.

[96]　康健. 基于多传感器信息融合关键技术的研究[D]. 哈尔滨工程大学, 2013.

[97]　张文静. 基于无线传感器网络的数据采集系统的设计与实现[D]. 东北大学, 2012.

[98]　谢松云, 张建, 王公望, 等. 工业计算机控制系统的应用现状和发展方向[J]. 测控 技术, 1999(08): 13 - 16. DOI: 10. 19708/j. ckjs. 1999.08.004.

[99]　巩星明, 段秋红, 李淑英. 工业计算机控制系统的基本分类及发展趋势[J]. 西山科 技, 2001(05): 34 - 36.

[100]　韩艳赞, 周伟. 检测系统抗干扰措施研究[J]. 技术与市场, 2011, 18(08): 35 - 36.

[101]　李小春. 传感器信号调理电路电磁兼容性研究[D]. 电子科技大学, 2008.

[102]　高建华, 胡振宇. 物联网技术在智能建筑中的应用[J]. 建筑技术, 2013, 44(02): 136 - 137.

[103]　田勇. 武器之眼: 雷达[M]. 长春: 吉林人民出版社, 2014.

[104]　于全. 战争通信理论与技术[M]. 北京: 电子工业出版社, 2009.

[105]　全富龙. 无线传感器网络安全分析及应用[D]. 合肥工业大学, 2018.

[106]　马良荔. 物联网及其军事应用[M]. 北京: 国防工业出版社, 2018.

[107]　阎吉祥. 激光武器[M]. 北京: 国防工业出版社, 1996.

[108]　魏凯斌. 无线传感网络机器在工业领域应用研究[M]. 成都: 电子科技大学出版 社, 2018.

[109]　何永健, 黄天录, 冯寿鹏. 无线传感器网络技术在军事中的应用[J]. 物联网技术, 2011, 1(01): 64 - 66. DOI: 10. 16667/j. issn. 2095 - 1302. 2011.01.005.

[110]　赵一鸣, 李艳华, 商雅楠, 等. 激光雷达的应用及发展趋势[J]. 遥测遥控, 2014,